KB230617

직장인을 위한
주말 가족 산행기 ①
100선

직장인을 위한 주말 가족 산행기 100선

1판 1쇄 발행일 2013년 10월 8일

지은이 | 이상훈
펴낸이 | 김재희
펴낸곳 | 화담 출판사

주   소 | 주소 경기도 파주시 청암로 28
전   화 | (031) 923-3549
팩   스 | (031) 923-3358
E-mail hwadambooks@hanmail.net
출판등록 | 제 406-2013-000060호
I S B N | 978-89-87835-70-9 13980

직장인을 위한
주말 가족 산행기 1
100선

이상훈, 고광문, 이은빈, 이은찬 지음

가족 산행 100개 하기

산에 왜 갔지 ?

"우리 가까운 강화도라도 가자."
천성적으로 고음인 와이프의 짜증 섞인 목소리가 이불을 뒤집어쓴 채 술을 깨려
안간힘을 쓰는 토요일 아침잠을 단호하게 깨운다.
"웬 강화도?"
'밉긴 밉나보다.' 생각하며 이불을 끌어당긴다.
하루가 멀게 직업적인 특성을 핑계 삼아 술 먹고 들어오면서, 꼭 금요일은 내일
쉰답시고 폭음을 해대는 남편이 예쁠 리는 없을 것이라는 생각은 오래 전부터
하고 있었다. 더구나 주말이면 낮과 밤을 바꾸어 새벽까지 영화나 스포츠 채널
로 의미 없는 밤샘을 즐기는 남편에게 숙제를 주려나보다 하는 생각이 들었다.
"언제?"
가장의 위엄을 잃지 않으려 애쓰며 반문했다. 마치
'나 아까부터 깨어있었어!' 알아달란 듯이. "다음 주 토요일이나 일요일" 와이프
는 여전히 단호하다.
이번에는 어기거나 무시하거나 핑계 댈 생각은 하지도 말라는 듯.
"왜?"
"애들도 컸고, 멀리는 못 가도 주변의 문화재라도 한번 보여 주려고!"
와이프가 작심을 한 것 같다. 반항의 사유를 못 찾겠다. 그렇다고 굳이 이유를
만들어 가며(결혼식 있어 라든가) 미룰 생각까진 없다.
"그래 알았어."

일어나지는 않고 어떻게든 한숨을 더 잤다. 11시경 식어버린 늦은 밥상에서 와이프가 조금은 수그러든 목소리로 묻는다.

"어디 구경시켜 줄 건데?"

"나보고 스케줄 까지 짜라고?" 난 퉁명스럽게

"내가 아냐?" 그리고 잠시 후 한마디 더

"계획은 네가 짜!"

"나 차 밀리는 것 싫어하는 거 알지?"

"강화도 조금 늦으면 엄청 막혀. 토요일 아침 7시쯤 출발하는 것이 어때?"

"계획 짜면 알려줘. 운전 봉사 는 할게."

뭔가 가족에게 빚 갚을 심산으로 어깨를 으쓱이며 이야기했다.

목요일 저녁.

"내일 술 먹고 늦게 오지 마! 와이프가 다시 한 번 확인한다.

"스케줄은? 기다렸다는 듯 와이프는 빽빽한 메모장을 훈장처럼 흔든다.

초지진→ 전등사 → 마니산 → 석모도 → 보문사 → 민머리해수욕장 → 고인돌유적지

"야 이거 다 보려면 꼬박 하루도 모자를 걸"

난 갑자기 답답해졌다. 전등사 보고 점심 먹고 배 한번 타보고 올 줄 알았는데.......

"가 보다가 시간 없으면 그냥 오지 뭐"

와이프는 무심하게, 문제없다는 듯 애기 했다.

난 할 말이 없다. 난 평범한 영업일을 하는데, 인천지역을 담당할 때 강화도에 호박 매운탕, 장어구이를 먹으려 한 10번 정도는 가 본 것 같다. 석모도는 2번 보문사까지 들어가 본 기억은 아득하며, 초지진은 스쳐 지나간 적은 있는데, 전등사가 어디 붙어 있는지, 강화도 제일 높은 산. 마니산은 모르겠고, 갑자기 고인돌은 뭐야? 하는 생각도 들었다.

하지만

"NO."는 할 수 없는 분위기.

"알았어."

오로지 아빠 노릇 제대로 못했으니 봉사한 번하리라는 생각뿐 이었다. 우리 가족이 100개 산행을 목표로 하는 시발점이 되리라고 꿈에도 생각하지 못했다.

contents

인천 강화도 마니산

해발 : 470.1M | 2009년 5월 23일

가족 여행을 계획했다. 평소 오르던 동네 성주산과는 다른 긴장과 설렘으로 강화도 마니산을 오르기로 했다.

비온 뒤 더욱 힘찬 계속 물소리 잠시 쉬어가도 좋아라.

절반 정도 오른 후 만난 돌계단은 왕건의 고려 건국 연도와 같은 918개의 계단으로 이루어 졌다는데 너무 지쳐 셀 수가 없었다.

산행100선

끝나지 않을 것 같은 계단을 돌고 돌아 드디어 마니산 정상. 비가 그친 뒤 산등성이로 짙은 구름이 넘어가는 장관은 맑은 날 볼 수 있다는 정상에서의 참성단을 보지 못한 아쉬움을 달래줄 수 있었다. 참성단은 일반인의 출입을 금지하고 있다. 한때는 단군이 하늘에 제를 올렸고 광개토대왕과 을지문덕도 제사를 올렸으나 지금은 전국체전의 성화 봉성 때와 개천절, 새해맞이 때에만 개방한다고 한다.

내려오는 길에 나무꾼 설화를 들려주는 곳에 들렀다. 나무꾼이 산신령들과 불로주를 마시고 바둑 구경을 하다가 마을로 돌아가 보니 이미 수십 년이 흘러 버렸단다. 여기에서 '신선놀음에 도낏자루 썩는지 모른다.'는 말이 생겨났다고 한다.

경기 남양주 운길산

해발 : 610M | 2009년 6월 6일

관심만큼 보이는 것인가 보다. 뒤적이던 여행 잡지에서 대중교통을 이용하여 다녀올 수 있는 운길산을 선택했다. 부천에서 1호선 전철을 이용해 용산에서 중앙선 국수 행을 갈아타고 1시간 40분 후 운길산역에 도착했다. 한 번도 오랫동안 전철을 타 본 적이 없는 아이들이 지루해하지 않고 재미있어해서 다행이었다.

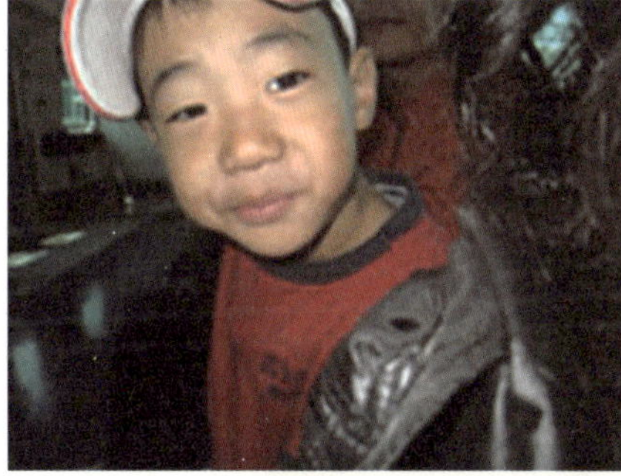

텅빈 중앙선

운길산 역에서 진중리를 지나 등산로 가는 중간에 수차 체험장이 있다. 물속에는 올챙이도 많아 몇 마리 잡아 관찰하고는 놓아주었다.

운길산 역부터 친절하게 등산 안내판이 여러 군데 붙어 있었다. 우리 가족은 2코스로 올라가 1코스로 내려오기로 했다. 2코스는 계곡을 따라 흙을 밟으며 올라가는 길이어서 자연을 느낄 수 있어 좋았다. 반면 1코스는 수종사까지 자동차로 이동할 수 있도록 포장이 되어 있었지만 가파른 길을 올라가다가 시동이 꺼져 멈춰있는 차를 만나기도 했다.

아이들은 다람쥐처럼 잘도 올라간다. 전망 좋은 곳에 자리 잡고 사진을 찍으란다.

질병의 고통을 없애주는 약사불, 부처님의 광
명을 내려주는 비로자나불, 극락세계로 이끌
어주는 아미타불이 모셔져 있는 수종사 본당

하산 길에 수종사에 들렸다. 세종대왕이 절에 머물 때 한밤중에 맑은 종소리가 울리는 곳을
찾아보게 했더니 동굴 속에 물방울이 떨어지는 소리였다. 그래서 수종사(水鐘寺)라는 이름
이 붙었다고 한다. 아이들은 은은하게 울리는 풍경소리를 무척 좋아했다.

수종사에서 내려다보면 북한강과 남한강이 만나는 한강의 절경을 감상할 수 있다.

수종사에는 5층 석탑과 동종이 있다. 절 아래쪽 해탈문을 나서면 수령 500년의 은행나무 굵은 기둥이 넉넉한 그늘을 만들어 준다. 짝짓기 철을 맞은 나비들이 숲 속 요정들처럼 나무 사이를 넘나들며 자유롭게 군무를 춘 멋진 풍경을 잊을 수 없다. 은빈이는 해우소(解憂所) 표지판을 호기심에 따라갔다가 화장실인 걸 알고 실망하고 말았다. ㅋㅋ

어디서 백두산을 들어봤는지 "아빠! 백두산은 언제가?" 라고 해서, "백두산은 100번째 가야지!, 50번째는 한라산이고" 했던 것이, 우리의 목표가 되어 버렸다.

동영상

경기 시흥 소래산

해발 : 299M | 2009년 6월 13일

3번째 산행은 집 - 거마산 - 소래산으로 돌아오는 코스를 선택했다.
소래산은 해발 299.4M, 거마산은 해발 209M이다.
마니산과 운길산에 다녀온 아이들은 소래산은 산도 아니란다. ㅎㅎ. 가벼운 마음
으로 각자 배낭을 메고 집을 나섰다. 쉬엄쉬엄 간식을 먹어가며 여유도 부렸다.

610M 운길산 등반 후 299.4M의 소래산을 오른 아이들은 힘이 남아도는지 더욱 신이 났다.

멀리서 빨간 점으로만 보았던 것이 깃발이었다는 것을 알아내고 아이들은 신기해 했다.

소래산 정상 풍경 전망대에서 시흥의 모습을 내려다볼 수 있었다.

멀리서 빨간 점으로만 보았던 것이 깃발이었다는 것을 알아내고 아이들은 신기해 했다.

인천 계양구 계양산

해발 : 395.4M | 2009년 6월 28일

계양산엔 아들 은찬이와 둘이서만 다녀왔다. 연무정에서 출발하여 팔각정을 지나 남쪽으로 쭉 내려가다 약수터를 지나서 계양문화회관쪽으로 내려왔는데 2시간쯤 걸렸다.

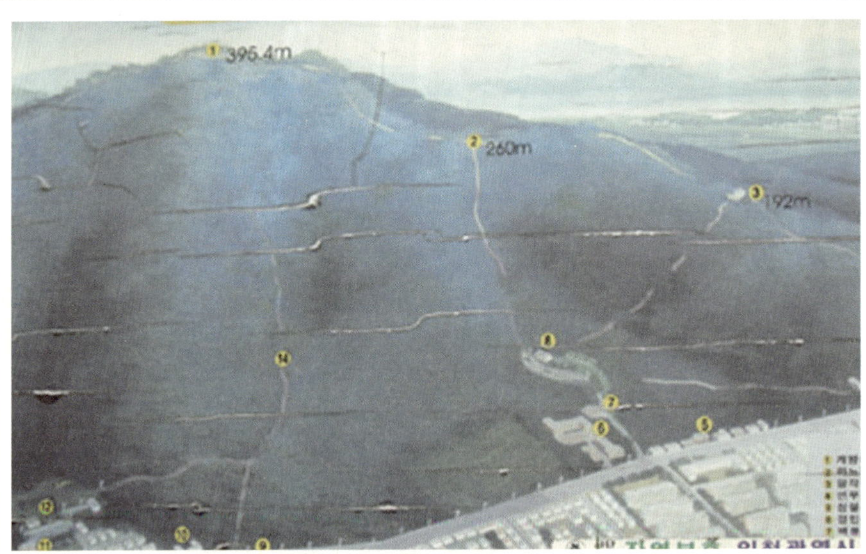

계양산 등산 안내도

은찬이는 올가는 길에 기둥이 신가한 듯 어루만지며 좋아했다.

아들과 단 둘이 간 계양산에서 서로 V자를 그리며 한 컷!

충북 단양 소백산

해발 : 1,439M | 2009년 7월 19일

2009년 7월 19일. 여름휴가의 첫 일정인 소백산 등반을 위해 5시 30분부터 아이들을 깨워 단양으로 향했다. 차 안에서 김밥과 주먹밥으로 간단하게 아침을 해결하고 다리안 관광지에 도착했다. 등산화를 갈아 신고 넷이서 파이팅을 외친 후 8시 30분부터 산행을 시작했다.

지도에서도 확인할 수 있지만 소백산은 많은 등반로가 있는데 아이들과 함께하는 등반이기 때문에 심사숙고한 끝에 길이 넓고 돌길이 잘 다져져 있는 천동계곡 코스로 택했다.

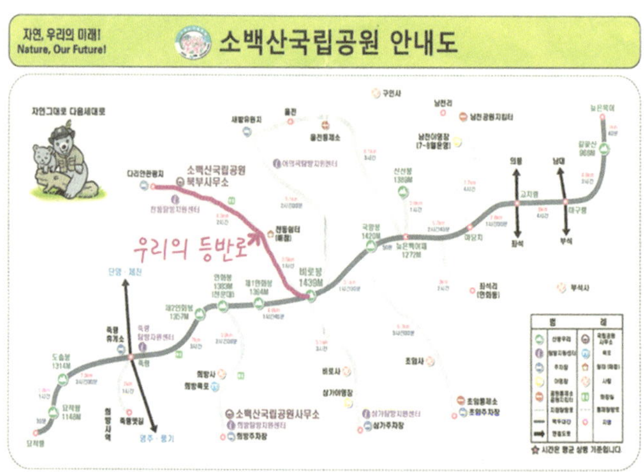

천동탐방지원센터에서 소백산 자연해설프로그램을 운영하고 있다. 국립공원 해설프로그램으로 3일 전 선착순으로 예약을 받는다. '천동 계곡', '연화봉', '남천 계곡', '주목 이야기'등 4가지 해설을 들을 수 있으며 10시에서 16시 사이 2시간 간격으로 운영된다.

참가신청은 ☎)043-423-0708~9 또는 인터넷 http://visit.knps.or.kr를 통해 할 수 있다.

소백산 국립공원 북부사무소 안내판 앞. 은빈이가 키우던 병아리를 집에 두고 올 수 없어서 노란 가방에 넣어 왔다. 가방에 매달려 힘이 들었는지 살짝 머리를 내민 병아리도 산을 함께 오르며 고생 좀 했다.

아침까지도 빗방울이 떨어져서 등반객이 드물었다. 비 온 뒤 불어난 계곡 물소리는 천둥소리처럼 우렁찼다. 오르는 길이 축축해서 아이들이 미끄러지기 쉬웠다. 날씨 때문에 오르는 길이 더 힘들었지만 도중에 비가 그쳐주어서 고마웠다. 비가 막 그친 뒤 산속은 안개에 휩싸여 신비롭기까지 했다. 주변에 잠자리들이 어찌나 많이 날아다니던지 아들이 쉽게 한 마리를 잡아서 내밀어 보였다. 연이어 딸도 4마리를 잡았다가 놓아주었다고 한다. 4.3km를 걸어 천동 쉼터에 도착했다. 집에서 준비한 김밥과 오이를 맛있게 먹으며 막걸리도 한 잔씩 마셨다. 쉼터에 만난 사람들도 함께 온 병아리에게 관심을 보이며 친절하게 삶은 달걀을 나누어 주었다. 가방에서 탈출한 병아리도 벌레를 찾아 종종거리며 신나게 돌아다녔다.

쉼터에서 2km를 더 올라가니 그곳은 인간 세상이 아닌 것 같았다. 정상을 오를수록 안개는 더욱 짙어졌고 안개에 휩싸인 고목은 신비로웠다. 속이 텅 빈 고사목을 보면서 아이들은 가짜나무가 아니냐며 신기해하며 흥분했다. 붉은 기둥의 나무를 보면서는 마치 마법의 숲에 와 있는 듯한 느낌으로 힘든 것도 잠시 잊을 수 있었다.

연화봉과 비로봉 사이에 분포된 아고산대를 오르는 길은 지옥 코스였다. 이미 체력은 소진되었고 다리는 근육이 뭉쳐 한걸음 옮기기도 힘이 들었다. 더구나 해발 1,300M 이상 올라오니 기온은 뚝 떨어지고 습한 찬바람이 불어 외투를 꺼내 입어야만 했다.

소백산의 아고산대는 뛰어난 경관과 계절마다 피고 지는 아름다운 야생화로 한국의 알프스라는 별칭을 가지고 있다. 하지만 이곳은 비바람이 잦고, 낮은 기온과 맑은 날이 적어 키 큰 나무들이 잘 자랄 수 없다. 더욱이 우리가 갔던 날은 비 온 뒤라 짙은 안개가 뒤덮고 있어서 바로 앞에서 오는 사람 얼굴도 알아볼 수가 없을 정도였다. 아고산대의 넓은 초원을 감상 할 수 없어서 너무 아쉬웠다. 맑은 날에는 왜솜다리, 철쭉, 산부추, 원추리 꽃등을 볼 수 있는 곳이다.

죽을힘을 다해 움직이지 않은 다리를 이끌며 도착한 소백산 비로봉. 얼마나 힘이 들었는지 은찬이는 지금도 비로봉의 높이가 해발 1,439M임을 잊지 못한다. 습한 안개와 바람 때문에 몰골은 엉망이 되었지만 포기하지 않고 정상에 오른 것을 자축했다. 뿌듯함도, 발아래 풍경을 감상하고도 싶은 여유도 잠시. 땀이 식으면서 느껴지는 한기에 하산 길을 재촉했다.

비로봉 주변에는 200~800년 된 3,800여 그루의 주목 군락이 천연기념물로 지정되어있다. 그러나 우린 날씨 덕분에 눈앞 작은 나무 몇 그루만 보았다.

주목은 '살아서 천 년, 죽어서 천 년을 간다.'는 말이 있다. 주목은 느린 성장 때문에 단단하게 자라는 장점을 가지고 있다. 하지만 우리나라의 주목 개체수와 서식지가 줄어들고 있다니 더욱 관심과 보호가 필요하다.

내려오는 길은 오를 때보다 훨씬 수월했고 마침 비 개고 비추기 시작한 오후 햇살이 우리 가족의 비로봉 정복을 축하하는 것만 같았다.

소백산은 백두산에서 지리산에 이르는 백두대간의 허리 부분에 있어서 야생동물의 주요한 이동 통로가 되며 우리나라에서 18번째로 국립공원으로 지정되었다.

2009년 여름휴가의 큰 계획 중 하나이면서 우리 가족이 5번째로 정복한 소백산 등반은 자신감이 한 뼘씩 커진 값진 산행이었다.

서울 관악구 관악산

해발 : 629M | 2009년 8월 1일

너무 힘들었던 소백산 등반 후 아이들도 나도 지쳐서 산에 갈 엄두가 나질 않았다. 남편은 전날 과음으로 정오가 지나도록 일어나지 못한다. '이번 주말은 그냥 지나가나 보다'하고 포기하고 있었다. 그런데 오후 2시쯤 부스스 일어난 남편이 다짜고짜 관악산에 가자며 서둔다.

미뤄둔 설거지를 하며 안가면 남편의 불평을 일주일 내내 들을 것 같아서 배낭에 물만 넣고 가는 길에 복숭아와 김밥을 샀다. 전철을 타고 서울대입구역에서 하차 후 버스로 서울대학교까지 도착하니 등산로 초입부터 계곡 물놀이 인파가 붐볐다.

오후 2시에 출발했으니 3시가 넘어서야 등반을 시작할 수 있었다. 오후 늦게 산에 오르는 건 처음이다. 다행히도 여름이라 일몰 시각은 길다지만 무사하게 아이들과 해지기 전에 내려올 수 있을까?

관악산 내 호수공원은 넓고 잘 관리되어 있어 가족 단위 소풍객들에게도 인기 가 높은 장소이다. 연주대로 올라가는 산 중 턱까지 시원한 계곡 물이 흐르고 등산객 들이 물놀이를 즐기고 있었다. 우리도 차 가운 계곡 물에 세수도 하고 젖은 수건으 로 흐르는 땀을 닦으며 정상을 향했다. 연 주대 부근의 쉼터에서 아이들은 음료수로 남편과 나는 막걸리로 갈증을 해결했다. 쉼터 주인이 오후 시간 산길은 위험하니 아이들에겐 안전한 계단을 이용하라며 쉼터 옆 오른쪽 길을 가르쳐 주셨다.

정상을 향해 계단으로 오르는 중간에 전망대가 설치되어 있다.
한쪽으로는 KBS송신소가 다른쪽 으로는 연주대가 보인다.

흰색 둥근 돔은 관악산 기상관측소이다. 1969년에 처음 관측을 시작해서 40년이 되는 2009년 6월에 시민들에게 매일 14시부터 16시 30까지 개방한다. 우리는 산에 오른 시간이 늦어 기상관측소는 멀리서 보는 것으로 만족해야 했다.

축구공 형태의 돔 안에는 지름 8.5m 접시형 안테나가 있고 24시간, 360도 수평 회전하면서 대기 중에 전자파를 쏘아 구름, 눈, 비, 우박 등에 부딪혀 되돌아오는 신호를 분석해서 비구름의 상태를 원격 관측한다. 관악산 레이더는 반경 240km의 하늘을 10분마다 관측하면서 비구름과 황사의 동향을 감시한다.

드디어 또 하나의 산을 정복했다. 오~ 감격!

좁은 바위 꼭대기에서 위태롭게 앉아 사진을 찍었다.
약간의 고소 공포증을 가진 난 웃고 있지만 속내는 바위에서 빨리 내려가고 싶다.

정상은 6시가 넘어서야 도착할 수 있었고 덕분에 산 정상에서 해가 저무는 모습을 감상했다. 난 노을을 무척 좋아하는데, 산 정상에서 보는 노을에 가슴이 두근거렸다. 아이들은 어두운데 산에 있으려니 귀신이 나올 것 같다며 엄살을 부린다. 그래서 어두워지는 하늘을 뒤로 서둘러 하산했다. 서울대학교로 내려올 때쯤엔 이미 깜깜해져 주변에 사람이 없어서 으스스하기까지 했다.
지하철역 근처 편의점에서 산 아이스크림을 입에 넣고 길옆 계단에
쭈르륵 앉아 다리를 쉬며 도심의 밤을 구경하는 재미도 좋았다.

인천 중구 무의도 호룡곡산

해발 : 245.7M | 2009년 8월 8일

무더운 8월. 아이들 여름방학이 끝나기 전 추억 하나를 더 만들어주기 위해 택한 장소는 무의도이다. 아침에 호룡곡산을 등산하고 오후엔 하나개해수욕장에서 놀기로 했다. 아침 일찍 영종도에서 배를 타고 무의도에 들어갔다.

국사봉과 호룡곡산의 중간 지점에서 등산을 시작했다. 호룡곡산의 이름에는 호랑이와 용이 서로 엉켜 싸웠다는 전설이 전해 내려온다. 산은 높지 않고 등산로도 그다지 가파르지 않았지만 8월 한여름의 더위와 등산로에 그늘이 지지 않아 힘들었다.

아이들 손을 꼭 잡고 무의도로 들어가는 길.

산 위에서 바라본 인상적인 바다.

지금까지 다녔던 산에 비해 낮은 산이어서 정상에 도착하고도 아쉬움이 더 컸다. 더위에 지쳐 빨리 시원한 해수욕장에서 놀고 싶었다.

정상에서 "야~호~~~!"를 외치자고 약속했었는데, 그만 깜박했다는 아이들의 성화에
조금 내려온 봉우리에서 '야호'를 외쳤다. 메아리로 되돌아오는 소리가 신기하고 재미있어 몇 번을 외쳤는지
모른다.

하산 길 만난 호랑 바위 전설: 옛날 바위
밑까지 바닷물이 들어오던 때에 어부와
호랑이 함께 살면서, 산신령에게 서
로 해치지 않겠다고 맹세를 했다. 그런
데 어느 날 호랑이가 어부를 한입에 꿀
떡 삼켜버리자 화가 난 산신령이 지팡
이로 호랑이 머리를 내리쳤고 그 자리
에서 돌이 되었다. 아직도 바위 위에 그
때 흐른 호랑이 핏자국이 남아있다고
하는데, 큰 바위에 올라 가 볼 수 없어서
눈으로 확인할 수는 없었다. 아직도 바
위 위에 앉아 사람들을 지켜 줄 것 같은
산신령에게 지나가는 등산객들이 소원
을 빌고 간다고 한다.

호랑 바위를 지나 하산 길에 발견한 강아지 바위.

바위 모습이 귀여운 강아지 머리 모양을 닮아서 이름 붙여주었다.

두 시간 남짓하게 걸린 짧은 산행이었지만 7번째 산행은 무더위를 이겨낸 또하나의 추억이 되었다.

서울 강북구 북한산

해발 : 837M | 2009년 8월 15일

북한산을 아이들과 함께 오르기 까진 큰 결심이 필요했다. 높고 가파른 바위를 타다 다치지는 않을까 하는 걱정으로 신경이 곤두서고 몸도 더 힘들었다.

북한산 인수봉을 배경으로 찰칵!
인수봉은 백제 시조 온조왕이 형 비류와 함께 올라 도읍을 정한 곳이다.
대포알을 세워 놓은 듯한 약 200여 M의 화강암 봉우리는 전문 산악인들의 암벽 등반 훈련장으로 인기이다. 그날도 점점이 매달려 암벽 등반하는 산악인들을 볼 수 있었다.

처음 가파른 암벽이 나타났을 때는 재미있다고 생각했는데. 백운대에서는 아이들이 떨어질까 봐 잡아주면서 올라가느라 너무 힘들었다.

북한산성을 따라 백운봉 가는 길.
북한산성은 북한산 능선을 따라 쌓은 석축산성으로
백제가 위례성으로 도읍을 정하고,
고구려의 남진을 막기 위해 개루왕(132년)부터 쌓기
시작했다. 그 후엔 신라가 백제와의 동맹을 끊고 한
강 지역을 차지하면서 진흥왕이 북한산 순수비를 세
웠다. 지금 남아 있는 성벽은 조선 숙종 37년(1711년)
에 증축된 것이다.

북한산성 위로 엄청난 크기의 바위를 기어오르는 암
벽등반을 해야 했다.
아이들이 떨어질라 노심초사하며 오르느라 다음 날
까지 온몸이 쑤셨다.

백운대 정상. 높이 펄럭이는 태극기가 인상적이다.

하산길. 계곡 상류에서 물놀이 하며 여름 더위를 씻었다.

동영상

계곡에서 아이들이 물놀이하는 동안 누워서 쏟아지는 여름 햇살을 받으니 마치 내가 신선이 된 듯한 착각에 빠졌다. 멋있고, 재미있고, 힘들어서 더욱 기억에 남는 북한산.

경기 군포 수리산

해발 : 489M | 2009년 8월 22일

안양시와 군포시의 경계에 있는 수리산에 오르기로 했다. 견불산(見佛山)이라고도 불리는 수리산은 도심지에서 접근성이 뛰어나고 맑은 물이 흐르는 계곡을 품고 있어 가족 단위 등산객들이 많다. 오전에 부지런하게 올라갔다 안양에 사는 언니 네랑 점심 먹기로 미리 약속해 두었다. 가뿐하게 9번째 등산을 마치고 먹은 고기 는 정말 꿀맛이다. ㅎㅎ 여름 끝을 알리는 매미 소리가 시원스럽다.

거대한 석탑이 등산 시작점을 알려 주었다. 석탑을 지나 오르다가 백영 약수터에서 길을 잘못 들었는데 직 선코스로 계속 오르다 보니 어느새 489M의 수리산 최고봉에 도착했다.

관모봉에 도전! 아이고 정상을 두 개나? 조금만 더. 힘내 보자궁^^

드디어 426.2M. 관모봉도 정복!!

동영상

경기 수원 광교산

해발 : 582M | 2009년 8월 29일

어느덧 열 번째 산행이다. 오늘은 은빈이가 등교하는 토요일이어서 하굣길에 학교 앞에서 은빈이를 차에 태우고 수원으로 출발~. 경기대학교에 주차하고 광교산 등산을 시작했다.

경기대학교 앞에서 버스로 상광교 버스종점까지 이동 후 산행 시작.
사방댐~ 노루목 대피소~ 광교산 시루봉을 오를 계획이다.

사방댐으로 가는 길 세워진
허수아비와 솟대,
아이들이 잽싸게 들판으로
뛰어가더니 허수아비도 되
고, 솟대 위 물새도 되어본다

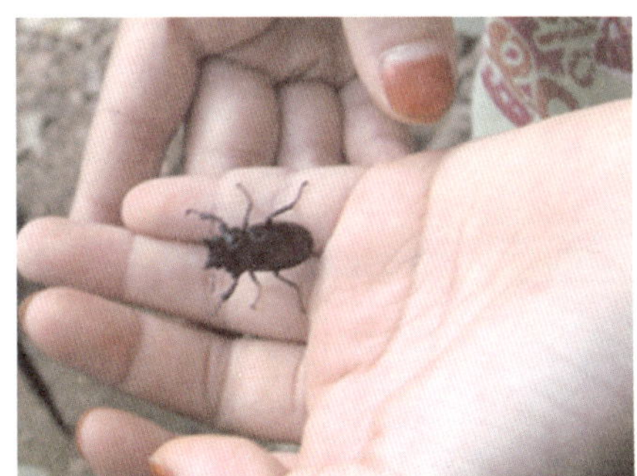

사방댐을 지나 노루목 가는 길. 은빈이가 등산로에서 사슴벌레 암컷을 발견했다.
작년에 사슴벌레 한 쌍을 키웠던 적이 있었는데 야생에서 사슴벌레를 만나니 정말
반가웠다. 관찰만 하고 길옆 안전한 곳에 놓아주었다.

582M. 광교산 정상에 올라 이번엔 잊지 않고 "야~호~!!"를 외쳤다.

다정한 오누이가 종루봉(490M)에서

양지재를 지나 형제봉.

형제봉에서 광교터널 위를 지나
경기대학교로 내려왔다.
벌써 10번째 산행. 성공적으로 마쳤다.

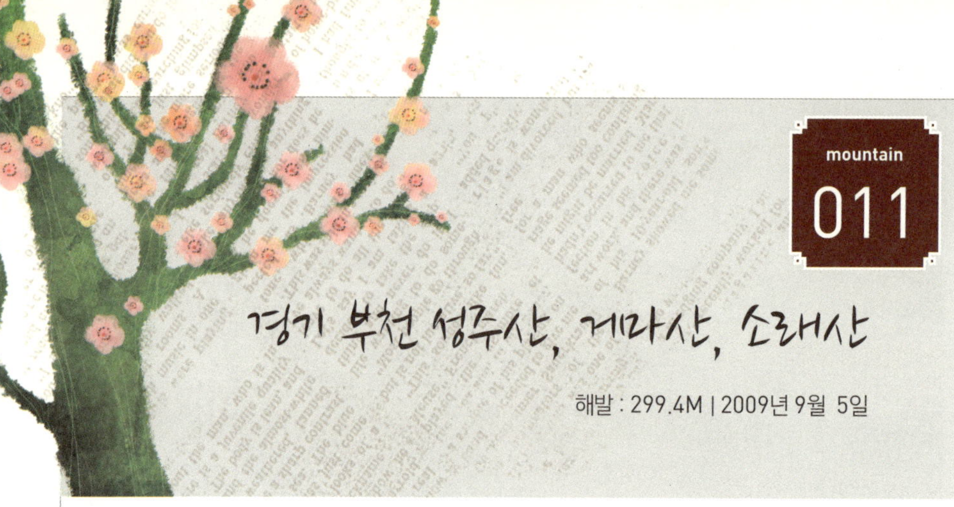

경기 부천 성주산, 게마산, 소래산

해발 : 299.4M | 2009년 9월 5일

학교 가는 토요일. 등산을 위해 학교 앞에서 은빈이를 기다리는 것이 이제는 자연스럽다. 오늘 은빈이는 책가방을 그대로 든 채 산에 오르기 시작했다.

이번 산행은 거마산~ 만의골 은행나무~소래산 정상~ 성주산으로 내려오는 코스이다.

거마산 쉼터에서 가볍게 몸 좀 풀고~ 나무 뒤 우리 동네가 보인다.

❶ 만의골 장수동 은행나무. 수령이 800년이나 된 은행나무 그늘 밑으로 많은 사람이 모여 쉬고 있다. 사시사
 철 변하는 은행나무를 보러 오는 것도 좋을 듯하다.
❷ 올라갈 때는 지옥 계단, 내려갈 때는 천국 계단.
❸ 정상에서 내려오는 쉼터에서 시원한 막걸리를 한 잔에 피로가 가시는 것 같다.
❹ 아이스크림 하나씩 입에 물고 정상에서.

동영상

경기 가평 유명산

해발 : 862M | 2009년 9월 12일

이번 주는 자가용을 이용해서 유명산에 갔다. 경춘 국도를 타고 신청평대교를 지나 양평 방향 37번 국도를 달렸다. 가일리 마을 어귀에서 국립 유명산 자연 휴양림 안내판을 따라가 보니 매표소가 나왔다. 이미 휴양림 야영장에는 텐트를 치고 캠핑을 즐기는 사람들이 많았다.

아침 일찍 출발한 차 안에서 주먹밥을 먹었는데, 거의 다 와서 은빈이가 멀미를 하는지 토를 하고 말았다 .더군다나 바로 산행을 해서 올라가는 내내 배가 아파서 걱정이었다.

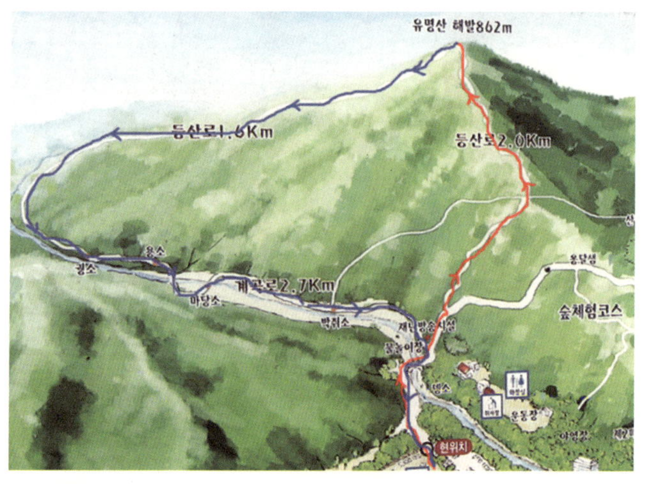

올라갈 때에는 2km의 가파르지만 짧은 코스를, 내려올 때는 등선을 따라 계곡을 돌아내려 오는 코스를 택했다. 은빈이와 은찬이가 매번 등반 때마다 "아빠, 몇 km 남았어?" "얼마나 남았어?"하고 자꾸 묻는다. 그래서 올라갈 때는 좀 힘들어도 정상에 일찍 도착할 수 있는 코스를 선택한다.

멀미 후에 배가 아
픈 은빈이, 그래도
기특하게 잘 참고
올라갔다.

배는 좀 편해졌나?
걱정이 됐는지 은찬
이가 은빈이 손을 꼭
잡고 올라간다. 이런
모습을 볼 때면 잘 키
웠구나 싶다. ㅎㅎ

정상이 코앞이라는
외침에 "정말?" 하고
힘껏 달리는 은빈이.
은찬이는 뒤처지는
엄마랑 발맞춰 천천
히 올라왔다.

862M. 드디어 정상 도착. 손에 정상을 올리고 사진 찍는 뿌듯함은 등산의 또 다른 재미다.

"야~호~"를 있는 힘껏 크게 외쳤지만 맞은편 산이 멀어서인지 소리는 쬐그만하게 되돌아 왔다.
은찬이는 정상에 쌓여있던 돌탑에서 뱀을 발견했다.
설마, 살모사?

동영상

2.7km나 되는 계곡로를 따라 내려오는 길은 변화무상한 물길과 각기 다른 모양의 바위를 구경하느라 힘
이 든 줄 몰랐다. 여기에는 겅소, 용소, 마당소, 박쥐소, 뎅소가 있는데 소(沼)란 바닥이 우묵하게 뭉텅 빠지
고 늘 물이 괴어 있는 곳을 말한다. 산을 다 내려올 때쯤에야 무릎이 아픈걸 알아차렸다. 6km가 넘게 걸었
으니……돌아오는 내내 차가 막혀서 운전하는 남편도 고생, 잠든 아이들을 무릎 베게 해주며 옴짝달싹 못
하고 무게에 눌려 있느라 나도 고생이었다. 집에 와서 아이들은 지치지도 않고 신나게 노는데
남편이랑 나는 일찍 잠들어버렸다.

경기 남양주 축령산

해발 : 886M | 2009년 9월 19일

축령산에는 두 가지 유래가 전해 내려온다.

첫번째는 남이 장군(1441~1468)이야기다. 태종의 외손(어머니는 태종의 넷째 딸 정선옹주이다)인 장군은 17세의 어린 나이로 무과에 급제하여 혁혁한 공을 세우고 왕의 총애를 받으며 병조판서 자리에 올랐다. 하지만 예종이 즉위한지 얼마 되지 않아 고변이 있었다. 궁중에서 숙직하던 남이가 혜성이 떨어지는 것을 보고 "묵은 것은 가고 새것이 나타나게 될 징조다."라고 혼잣말하는 것을 듣고 유자광은 왕에게 모반(謀反)이라 하였다. 오래전부터 못마땅하게 생각하던 예종은 이를 빌미로 남이를 죽였다. 스물여덟에 억울한 죽임을 당하자, 이 지역 사람들이 혼을 위로 하는 마음으로 장군이 어릴 적 무예를 닦은 바위를 남이바위라 하고, 정상에서 동쪽 방향 가평에 있는 섬을 남이섬이라 부르고 있다.

조선조 때는 비룡산, 또는 오득산으로 불렸는데, 다른 유래는 조선 태조 이성계가 등극하기 전 이 지방에서 사냥을 즐길 때 지은 이름이라고 전해진다. 유독 축령산에서만 짐승이 잘 잡히지 않아 정신을 집중하고 재빠른 동작으로 사냥하는 모습이 마치 용이 나는 모습과 닮았다하여 비룡산이라 불렸고, 짐승 사냥이 시원치 않자 신령스런 곳이기 때문에 사냥이 안 된다고 판단하여 산제를 지낸 후 한꺼번에 멧돼지를 다섯 마리나 잡을 수 있어 오득산이라고도 불렀다. 이후 고사를 지낸 산이라 하여 축령산(祝靈山)이라 불리게 되었다.

자연휴양림은 울창한 숲, 맑은 물, 아름다운 경관을 살려 국민에게 휴식과 보건증진에 기여할 목적으로 산림 속에 조성한 휴식 공간이다.

해방 전 부터 산자락을 빙 둘러 심은 손가락 굵기의 잣나무 묘목들이 60여년이 지난 후 아름드리나무로 국내 최대 잣나무 숲을 이루며 유명한 자연휴양림으로 자리 잡았다.

숲 속에서 자란 나무는 자신을 보호하기 위해 피톤치트 (Phytoncide)라는 살균, 살충 성분의 방향성 물질을 내뿜는다. 피톤치트는 나무가 자라는 초여름부터 가을에 많이 내뿜는데 피톤치트를 마시거나 피부와 접촉하게 되면 몸과 마음이 맑아지고 안정을 가져오며 건강에 매우 도움이 된다. 가벼운 옷차림으로 숲 속을 걸으며 피톤치트를 마시고 접촉시키는 것을 산림욕이라 한다.

동영상

멀리서 바위를 보면 독수리 머리를 닮았다고 수리바위라고 부른다. 축령산은 숲이 깊고 산새가 험해 다양한 야생동물들이 서식하였는데 유독 독수리가 많았다. 얼마 전 까지도 독수리 부부가 이 바위틈에 둥지를 틀고 살았다.

남이 장군이 심신을 훈련하다 쉴 때면 지세를 살폈다는 남이바위에 은찬이가 걸쳐 앉았다. 수리바위부터 정상까지 밧줄을 타고 지나야 하는데 아이들은 겁내하지 않고 재미있어 했다.

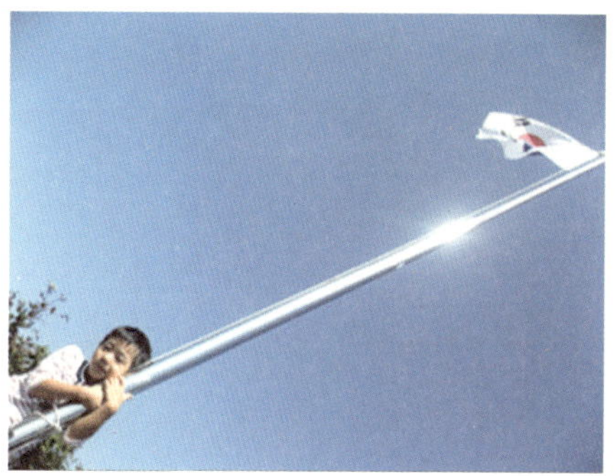

가을 하늘이 아름다운 날. 축령산 정상에 도착 했다.
등산객이 많아 해발 886M 인증샷 한 장 찍기까지 한참 걸렸다.

절고개에는 이름 모를 들꽃들이 만발해있다. 주변 잣나무 숲과 풀꽃이 너무 아름답게 곳이다.

〈잔디광장〉 축령산은 아름다운 자연 그대로의 모습이
많아 오랫동안 기억될 것 같다.

청설모가 부지런히 먹이를 모으고 있었다. 4시간 30분씩 걸린 산행을 거뜬하게 마치는걸 보니 그동안 체력
이 많이 좋아졌나 보다. 함께 산을 오르며 "장하다"며 칭찬해주신 분들 덕분이기도 하다. 축령산 옆 서리산은
4~5월에 철쭉동산이 장관이라고 한다. 어느 봄엔 분홍빛 동산을 감상하리라.

강원 정선 민둥산

해발 : 1,119M | 2009년 9월 26일

코레일에서 운영 중인 민둥산 여행상품을 예약했다. 무궁화호를 타고 7시 6분 서울역을 출발하여 11시 31분민둥산역에 도착예정으로 산행을 계획했다. 새벽에 일어나 간식과 김밥을 싸고 아이들을 깨웠다. 기차 여행의 필수품 달걀도 잊지 않고 챙겼다. 아이들과 처음으로 떠나는 기차여행이다.

서울역 앞에서 기념사진을 찍자하니 9살 우리 딸은 시골에서 올라온 사람들 같다고 민망해하며 주위 시선을 의식했다.

서울역은 1900년에 경성역으로 개장되어 광복1주년을 맞는 1946년 경성부를 서울시라 칭하는 서울시 헌장이 공포되면서 서울역이라 명명되었다. 2004년 4월 통일호운행이 폐지되고 KTX가 개통되었다.

지금은 새마을호, 무궁화호, KTX가 운행된다. 우리가 기차에 탑승한 신축 역사는 2003년 12월에 완공되었다. 넘실대는 파도모양의 탑승구 지붕이 너무 멋졌다.

동영상  

우리가 탄 열차는 정선 아우라지행 #4405. 기차 내부는 유리도어와 깨끗한 실내가 예전 기차모습이 아니었다. 아이들은 돌아가는 의자를 신기해하고 객차마다 있는 화장실도 재미있어했다. 객차 중간엔 열차 카페가 있었는데 경쾌한 음악이 흐르고 컴퓨터, 오락기, 안마 의자, 노래방이 있었다. 아이들과 간식을 사먹으며 창가에 앉아 휙휙 지나가는 바깥 풍경을 보고 있으니 기분이 너무 좋았다. 그래도 4시간 20분을 기차 안에 있으려니 아이들이 지루해했다. 그래서 "쎄쎄쎄~ 푸른하늘 은하수~"노래 부르며 손뼉 치기 놀이도 하고 팔씨름도 하며 시간을 보냈다

정선선이 분기하는 민둥산역은 1966년 증산역으로 개장하여 2009년 9월 1일 민둥산역으로 개칭되었다. 민둥산역에서 15분 정도를 걸어서 증산 초교 맞은편으로 나있는 등산로 입구에서 산행을 시작 했다.

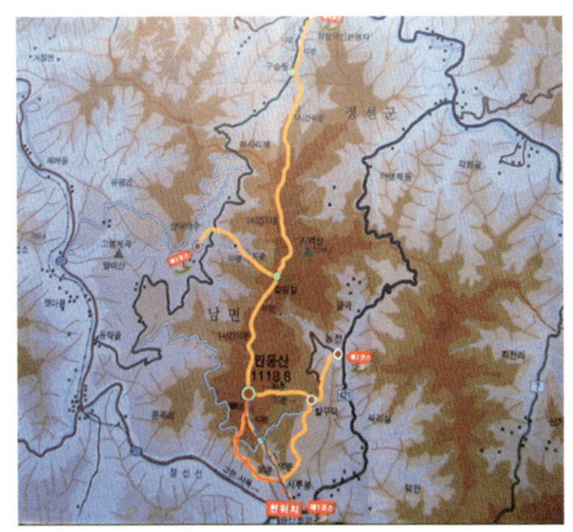

우리의 산행 코스는 증산초등학교 → 갈림길 → 완경사등산로 → 민둥산 정상 → 급경사등산로 → 쉼터 → 증산초등학교이다.

산에 오르니 마을이 한눈에 들어온다. 우리가 내린 민둥산역도 보이고 걸어온 길도 찾아보았다.

덩굴 식물들이 나무를 타고 올라간 숲이 멋있다.

갈림길에서 완경사 등산로를 지날 때 앞에서 내려오는 분들이 누군가 벌집을 건드렸는지 벌들이 사람을 쏘았다고 경고해 주셨다. 벌을 피해 길을 돌아갔다. 멀리서 봐도 제 집 주위를 사납게 붕붕대며 날아다니는 벌들이 엄청 많았다.

민둥산은 강원도 정선군 남면과 동면에 걸쳐 있는 산이다. 높이는 1,119M로 정상에는 나무가 없고 드넓은 억새밭만 있어 민둥산이라 불린다. 억새가 많은 것은 산나물이 많이 나게 하려고 매년 한 번씩 불을 질렀기 때문이다.

옛날에 하늘에서 내려온 말 한마리가 마을을 돌면서 주인을 찾아 보름 동안 산을 헤맸는데, 이후 나무가 자라지 않고 참억새만 났다는 억새에 얽힌 일화가 전해지고 있다.

우리보다 먼저 민둥산 정상에 올라와서
한참을 기다린 아이들은 하나도 안 힘들
단다. 대단한 녀석들.

정상 전망대에서 망원경으로 주변 경관을 구경하고 새벽부터 부지런히 싸간 김밥을
먹고 막걸리도 한잔했다. 아이들은 울타리에 앉아 폼을 잡고 사진을 찍으란다.

내려오는 길 쉼터에서는 산신제를 지내고 등산객들에게 음식을 나누어 주었다. 우리도 떡을 먹으며 쉬었다.
우리가 민둥산에 간 날은 마침 민둥산 억새꽃 축제가 열린 첫날이었다. 무대에서는 공연이 한창이고 빙 둘러
쳐진 부스에서는 더덕, 취나물 등 특산품을 판매하며 먹거리 장터도 마련되어 있었다.

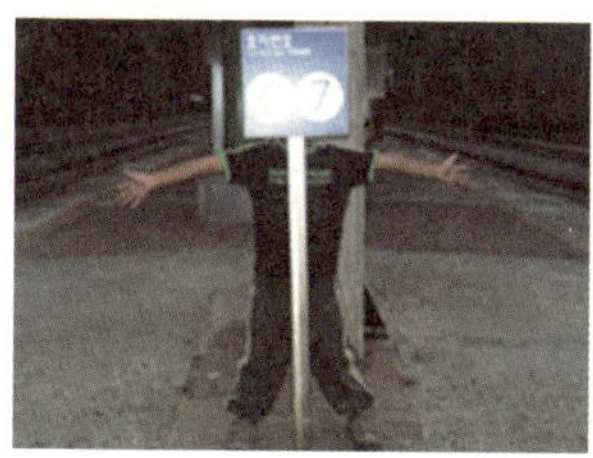

상행선 열차는 6시 14분에 민둥산역을 출발해서 10시 43분에 서울역에 도착 예정
이다. 민둥산역에서 기차를 기다리며 엽기 사진 찍기 놀이를 하며 시간을 보냈다.

서울 중랑구 용마산

해발 : 348M | 2009년 10월 5일

7호선 전철을 타고 용마산역에서 내렸다. 제법 시간을 보내는 노하우가 생겨 아이들은 책도 읽고 손 놀이도 하면서 시간을 보냈다. 용마폭포공원이 잘 조성되었는데 여름에만 폭포수가 흐르는지 우리가 갔을 때는 메마른 폭포 절벽만 보는 것으로 만족해야했다.

용마산역 → 팔각정 → 아차산성 → 아차산역으로 돌아올 예정이다.

폭포 공원에서 동네 아이가 데리고 나온 병아리와 만났다. 봄부터 은빈이가 학교 앞에서 사다 키운 병아리가 제법 커서 앞 집 시골에 보냈는데, 은빈이는 제 병아리를 만난 듯 무척 반가워했다. 등산로 시작 부근에서 힘차게 파이팅을 외치고 출발!!

용마공원은 예전에는 동양 최대의 석조 채취장이 있던 곳인데 미관상 보기 좋지 않아 공원화 되었다.

❶ 암벽 위 팔각정에서 시내 조망을 즐길 수 있고 시민들을 위한 체육시설도 있다.

❷ 암벽 길을 계단으로 정비해 놓아 7살 은찬이도 혼자서 가뿐하게 올라갔다.

❸ 아들과 전에 다녀온 북한산과 관악산을 찾아보며 잠깐 휴식.

❹ 너무나도 높고 푸른 가을 하늘.

용마봉에는 해발 높이를
측정하는 기준점이 있다.

예로부터 이곳은 중랑천 지역을 한눈에 조망할 수 있는 전략적 요충지다.
고구려의 온달 장군에 대한 전설이 많이 전해 내려오는데, 온달이 가지고 놀았다는 지름이
3m나 되는 공기돌 바위와 온달 샘이 있고 온달은 신라에 빼앗긴 한강 이북을 탈환하기 위
해 590년(영양왕 1년) 출정했다가 아차산성에서 전사했다고 전해진다.

용마산과 아차산에는 고구려가 전쟁을 대비해 만든 소규모 요새지인 보루성이 있다. 석축과 깬 돌들이 곳곳에서 발견되고 퇴적토 속에서 많은 토기 조각이 발견되었다. 마침 보수공사가 한창이어서 유적지를 돌아 산행해야 하는 아쉬움이 있었다.

용마산에는 아기장수 전설이 전해지는데, 삼국 시대 때에는 장사가 태어나면 가족 모두 역적으로 여겨 죽이는 시절이 있었다. 백제와 고구려의 경계였던 이곳에서 장사가 될 재목의 아기가 태어나자, 미리 걱정한 부모가 제 자식을 죽여 버렸는데 그 후 용마봉 에서 용마가 나와 다른 곳으로 날아간 데서 용마산 이라는 이름이 유래됐다. 또 하나는 조선시대 산 아래에 말 목장이 많아 용마가 태어나기를 기원하는 뜻에서 용마산이라는 이름이 생겼다고 한다.

아차산은 서울 광진구와 경기도 구리시에 걸쳐있는 산으로 높이는 287M이다. 예전에는 남쪽을 향해 불뚝 솟아오른 산이라 하여 남행산 이라고도 하였다.

아차산에 관해 전해지는 이야기가 있다. 조선 명종 때 점 잘 보기로 유명한 홍계관이라는 사람이 있었는데 명종이 그 소문을 듣고 남모르게 쥐 한 마리 넣은 상자를 내 놓으며 안에 무엇이 들었는지 묻자 쥐 세 마리가 들었다고 답하였다. 임금은 자신을 기만하고 혹세무민하였다 하여 서울 동쪽의 엑끼(嶽溪)산 형장에서 죽음을 당하게 되었다. 그 후 임금이 쥐를 맞춘 것이 신기하여 상자를 열자 그 동안 어미가 새끼 두 마리를 낳아 세 마리가 들어 있는 것을 보고,"아차, 내가 실수를 했구나. 빨리 가서 형을 멈추게 하라"며 급히 사람을 보냈다. 한편 형장에서는 형장 관리가 형을 집행하려는데 말을 타고 달려오는 사람이 멀리서 손을 흔들며 소리 지르는 것을 보고 형 집행을 빨리 안 했다고 야단치는 것으로 오해해 형을 집행해 홍계관은 억울한 죽음을 당했다고 한다.

1984년 지상 2층의 목조 기와 구조로 지어진 팔각정은 한강과 어우러져 서울 절경을 한눈에 볼 수 데 노후화가 심해 물이 새고 전체 틀이 한쪽으로 기울어지는 등 구조적 문제가 발생하고 안전사고 우려가 제기돼 왔다. 2009년 7월에 고구려의 전통양식 배흘림 기둥으로 준공하고 고구려정으로 이름도 변경하였다. 기와와 단청 색상과 모양도 고구려 고분 벽화에서 표현된 문양을 참고로 하였는데 남한에서 최초로 고구려 건축양식을 재현한 것이다. 팔각정은 아차산중 기가 가장 센 곳으로 확인됐다. 이처럼 기가 왕성한 곳에서 소원을 빌면 이루어진다고 한다.

이곳을 자전거를 타고 오르는 사람이 있었다. 너무 신기했다. 암벽을 내려가니 아차산 공원이다. 등산을 마무리 짓는 사진 한 컷!

경기 포천 명성산

해발 : 923M | 2009년 10월 10일

명성산은 강원도 철원군과 경기도 포천시의 경계에 있는 산으로 높이는 해발 923M이다. 명성산은 울음산 이라고도 부르는데 '명(鳴)'자와 소리 '성(聲)'자를 한 자로 표기한 것으로 두 가지 전설이 있다. 하나는 왕건에게 쫓겨 피신하던 궁예가 이 산에서 피살되었는데, 궁예가 망국의 슬픔을 통곡하자 산도 따라 울었다는 설과, 주인을 잃은 신하와 말이 산이 울릴 정도로 울었다고 하여 울음산이라고 불린다는 설이다.

명성산 인근에는 궁예와 관련된 이름이 유독 많다. 901년 송악에 태봉이란 나라를 세운 궁예가 904년에 철원으로 두번째로 도읍으로 옮겼다. 궁예가 도망했다는 패주골, 왕건의 군사가 쫓아오는 것을 살피던 망무봉등이 있다.

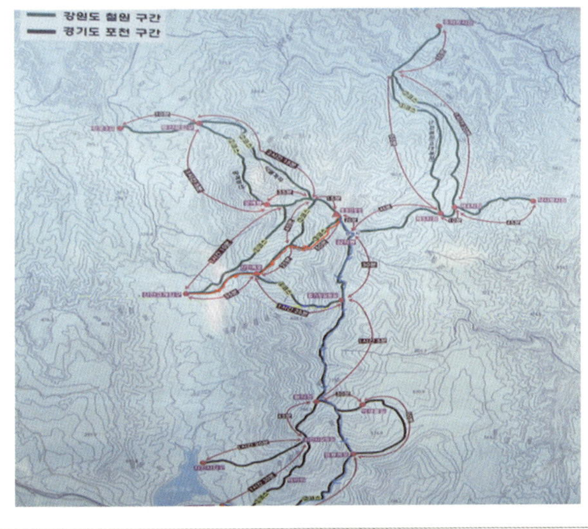

아침 7시경 자가용으로 출발하여 1시간 40분 걸렸다. 산정호수 주차장에서 왼편 길로 가다 산안고개 부근에 주차를 했다. 우리의 등산로는 산안고개입구 → 산안폭포 → 명성산 정상 → 삼각봉 → 헬기장 갈림길 → 팔각정 → 억세 풀길 → 등룡폭포 → 책바위 입구이다. 보통 어른 걸음으로는 4~5시간 걸린다니 아이들을 데리고 약 5~6시간 걸릴 것을 예상했다.

산안폭포는 엄청난 크기의 바위다.
요즘 비가 오지 않아 폭포에는
물 흐른 흔적만 보일 뿐^^.

단풍나무가 붉은 빛으로 곱게 물들어
가을이 깊어감을 알린다.

드디어 명성산 정상 도착.
산에 오르는 내내 은찬이는 목이 아프다고 했다. 아마 목감기에 걸린 것 같다. 온몸이 아프다는 아이를 달래 겨우 올랐다. 감기 걸린 앞집 친구랑 놀더니 목감기가 옮았나보다.ㅠㅠ.

명성산 정상에서 삼각봉 가는길~
날씨는 너무 좋았지만 산이 말라 있어 걸으면 흙먼지가 너무 많이 일었다.

산 능선을 타고 삼각봉까지 왔다. 은빈이는 지쳤고
감기 걸린 은찬이도 마침내 주저앉는다. 끝까지 잘 갈 수 있을까?

삼각봉에서 팔각정 가는 길. 능선을 타고 남쪽으로 내려오니 저 아래 산정호수가 보인다.
아이들은 호수에서 오리배를 타겠다는 일념으로 힘을 낸다.

팔각정 옆에 무대가 세워져 있다. 억새꽃 축제 기간 산정음악회가 열린 것이다.

오늘은 "일렉로즈"가 멋진 연주를 들려주었다. 아침 일찍 악기를 들쳐 매고 여기까지 올라왔단다. 멋진 아가씨들의 열정적인 연주에 등산객들은 즐거워했고 전자 현악기의 파워풀한 소리에 흠뻑 매료되었다.

명성산 남쪽 삼각봉 동편 분지에 무성한 억새꽃 축제가 열린다. 정말 멋진 장관이다.
일반 디카로 찍었는데도 이렇게 멋있게 찍힌다.

억새밭 한가운데 있는 궁예 약수는 궁예왕의 망국한을 달래 주려는 눈물 같은 샘이 솟는다. 예로부터 극심한 가뭄에도 마른 적도 없고, 물맛 또한 매우 달고 시원하다. 하지만 이날은 폭포도 말라 있었고 약수도 거의 나오지 않았다.

억새밭에서 등룡 폭포로 내려오는 계곡 길은 너무 가파른 코스였다. 반절은 미끄럽고 반절은 위험한 바위투성이다. 좀 멀더라도 사람들 많이 다니는 길로 돌아 올 걸 후회막심이다. 중간에 은찬이가 돌부리에 걸려 넘어지는 바람에 손을 잡고 있던 나까지 중심을 잃을 뻔했다. 은찬이가 많이 아파했지만 다행히 크게 다치진 않았다. 아이들 데리고 오는 분들은 절대 이 길로 내려오지 마시길……

기암절벽이 장관을 이루는 등룡 폭포는 용이 폭포수의 물안개를 따라 등천했다는 전설이 있다. 그러나 오늘은 약수도 마르고 폭포도 겨우 한줄기 졸졸 물이 흐를 뿐. 그나마 조금씩 고개 내민 단풍 보는 것으로 위안 삼았다.

동영상

등룡폭포 부터는 하산길이
쉽게 이어져 있었다. 아이들
은 산정호수에서 놀 생각에
힘을 내어 내려갔고 아빠는
주차해놓은 차를 가지러 산
안계곡으로 몇km를 더 걸어
야 했다. 가족을 위해 희생하
는 착한 아빠!!! ♡♡♡

아빠가 산을 돌아 차를 가지
러 간 사이 아이들은 고대하
던 오리배를 탔다. 전동 오리
배도 있었지만 우린 페달 밟
는 오리배에 탔다. 오리지널!!
산을 6시간이나 걸어 지쳐하
던 녀석들이 어찌나 열심히
밟는지...... 역시 아이들의
체력은 신기하기만 하다.

은찬이는 감기로 열이 나는
데도 열심히 놀았다. 집에 오
는 차안에서 모두 잠이 들어
운전하는 아빠 혼자 너무 고
생을 했다. 더구나 오는 길
은 차가 막혀서 거의 4시간
이 넘게 걸렸다.

경기 동두천 소요산

해발 : 559M | 2009년 10월 25일

이번 산행엔 변수가 많다. 보통 토요일 위주로 산행을 하는데 이번 주는 토요일엔 아이들과 와이프가 전북 고창으로 체험 학습을 다녀와서 일요일에 산행을 했다. 장소도 가까운 사패산에서 단풍축제 뉴스를 보고 소요산으로 급 변경했다. 또한 가지는 자가용으로 1시간 30분 달려 주차장에서 등산화로 갈아 신는데, 아뿔사!! 은빈이 등산화 한 짝이 없다. 집에서 신고 온 것도 슬리퍼여서 동두천 시내로 가서 새 신을 사느라 시간이 많이 흘렀다. 은빈이는 덕분에 나이키 운동화를 얻어 신었다.11시 20분에서야 부터 산행했다.

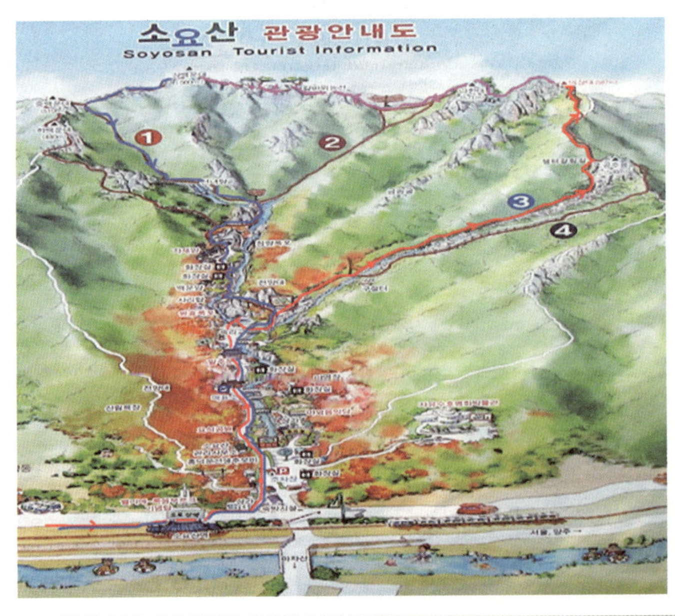

산행은 공주봉 → 의상대 나한대 → 상백운대로 이어지는 코스를 선택했다.
아이들도 그간의 산행으로 이 정도는 익숙하리라는 생각 때문이다.

산 아래 여러 종류들의 국화꽃들이 전시 되어 있다.　일요일 수도권 인근 산은 입구부터 등산객이 정말 많다.

자재암 가기 전 갈림길에는 원효 폭포가 있고 커다란 바위 밑에 기도하는 곳이 있다. 많은 촛불 앞에서 이번 산행도 사고 없이 마치도록 잠깐 기도 하고 속리교를 건너 산행을 본격적으로 시작했다.

동영상

구절터에서 멸치에 막걸리 한잔씩하며 잠깐 쉬고, 의상대로 바로 올라가는 길이 폐쇄되어 있어서 샘터 갈림
길 공주봉 쪽으로 계속 올라갔다. 각양각색 너무도 멋진 단풍구경 하랴. 사진 찍으랴. 산을 오르는 속도가
나질 않았다. 공주봉 쪽은 올라갈수록 기울기가 심해지는 산이다.

급경사를 조심조심. 마침내 능선에 도달했다. 능선에서 부터는 오르막과 내리막이
반복되는데 낙엽이 쌓여있어 먼지도 안나고 폭신폭신한 느낌마저 들었다.

의상대(제일높은곳) 바로 앞 계단이 낙엽에 쌓여 운치가 있다,
군데군데 사람들이 돗자리를 펴놓고 가볍게 식사하는 모습도 보인다.

17번째 가족산행의 정상 의상대에 도착. 의상대 정상은 바위 투성이고 넓지가 않아 사진만 찍고 바로 내려왔다

의상대에서 100m 정도 내려와 식사를 했다, 김밥 쌀 시간이 없어 맨밥에 김치, 김, 전등 밑
반찬과 함께 먹었는데도 역시 산에서 먹는 한 끼는 정말 맛있다.
의상대에서 급격한 경사도를 내려와 다시 낑낑대며 올라가니 나한대 표지가 있다.

나한대를 지나 아이들이 너무 피곤한것 같아 선녀탕으로 하산할까 생각했는데 너무 아쉬어 상백운대로 다시 오르기 시작했다.

칼바위능선은 공룡의 등에 난 뿔처럼 날카롭게 생긴 바위들이 연이어져 있다. 아이들은 공룡 흉내를 내며 굉장히 좁고 옆으로는 낭떠러지기가 이어진 바위틈 사이를 아무렇지도 않다는 듯 붙잡고 넘어간다. 자식들 참 많이 컸다.

상백운대에서 잠시 쉬며 하늘을 가린 가을 단풍을 올려다보았다.

상백운대를 지나 하산하기 시작했다. 계곡을 통해 선녀탕길로 내려가는 길도 그리 쉽지는 않은 것 같다.

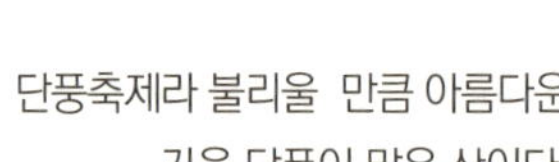

단풍축제라 불리울 만큼 아름다운
가을 단풍이 많은 산이다.

산에 자주 다녀도 식물 이름은 익혀지질 않는다. 참나무도 구분 안 되고, 단풍나무 와 다른 나무 정도? 가끔 나무에 붙은 이름표를 보면 알 것 같은데 조금만 지나치면 이 나무가 무슨나무 인지????

1980년에 조성한 석굴 오른쪽 선녀폭포가 낙엽을 한들한들 띄우며 여리여리하게 쏟아진다. 자재암은 선덕여왕 14년(645년)에 원효대사가 창건했다. 1907년 고종의 강제퇴위와 군대해산을 계기로 확대된 정미의병때에 활동의 근거지였던 탓에 일본군의 공격을 받아 불태워졌고 복원되었다가 6.25때 폐허가 된 후 다시 건립되었다.

원효폭포 위에서 내려다보는 풍경이 색다르다. 다 내려와서 일주문을 향해 가는 길에서 자족감으로 만세를 크게 외쳐본다.

불 타 오르는 단풍이 눈길을 끌었다.

해가 지고 있다. 17시경 하산완료. 5시간 40분 산 속에서 보낸는데, 금방 하루가 지나간 것 같다. 내려오는 길 야외음악당에서는 단풍축제가 신나게 진행되었다. 아이들과 풍물놀이를 구경하고 계곡에 있는 식당에서 저녁으로 보리밥을 먹었다.

강원 원주 치악산

해발 : 1,288M | 2009년 11월 7일

은빈이가 태어나고 은찬이를 임신한 소중한 추억이 담긴 원주를 향해 아침 7시에 승용차로 출발했다. 원주에 도착 후 차를 주차해놓고 택시를 이용해서 황골 탐방 지원센터로 이동했다. 8,000원정도 요금이 나왔는데 산속까지 운행해주신 기사 님이 친절하고 감사한 마음에 10,000원을 지불했다.

우리는 입석사에서 비로봉으로 오른 후 비룡사 계곡으로 내려가 버스를 타고 주차장에서 주차해둔 차로 귀가할 예정이다. 황골 탐방 지원 센터에서 커피 한 잔 마시고 10시40분 등산을 시작했다.

입석사를 출발. 입석사까지는 차량 이동이 가능하도록 길이 닦여 있었다.

깊은 가을이 물씬 느껴지는 풍경.

길가에 수북이 쌓인 낙엽을 뿌리며 오르막길을 올랐다. 계속되는 오르막길을 은찬이는 많이 힘들어했다.

가파른 경사면을 돌아 올라가니 입석사가 소담스럽게 자리 잡고 있다.

입석사는 신라시대에 원효대사가 창건했다고 전해지는데 정확하지 않고 그 후 연혁에 대해서도 알려진 바 없다. 다만 고려시대에 조성된 석탑과 같은 시대에 조각된 입석대 근처 암벽의 마애불좌상으로 인해 오랜 연혁을 지녔다는 것을 짐작할 수 있다.

입석사를 뒤로하고 바위길을 오르다 비로봉이 1.9km 남았다는 표지판을 만났다. 정상을 향해 오를 때 방향 표지판만 봐도 반갑다.

험한 산등성이에 긴 세월을 악착같이 견뎌 온 나무뿌리가 눈에 들어온다.(좌)
낙엽 수북한 치악산은 가을 속으로 깊게 들어가 있다.

잎을 모두 떨어뜨린 나뭇가지 사이 보이는 하늘.

비로봉이 멀리 보인다. 돌탑 세 개 중인 두개만 보여 마치 도깨비 뿔 같다.

날이 흐려 전망대에서 원주시가 보이지 않았다. 비로봉에 가까워질수록 돌탑 세 개가 모두 보인다. 비로봉은 시루를 뒤집어 놓은 모양과 같다고 하여 시루봉 이라고도 불린다.

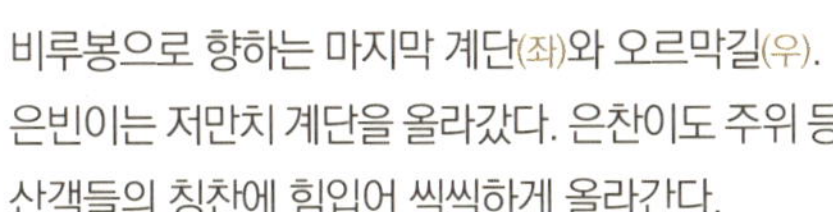

비루봉으로 향하는 마지막 계단(좌)과 오르막길(우). 은빈이는 저만치 계단을 올라갔다. 은찬이도 주위 등산객들의 칭찬에 힘입어 씩씩하게 올라간다.

해발 1,288M. 치악산 비로봉. 차령산맥의 한 줄기로 영서 지방의 명산 치악산은 비로봉을 중심으로 봉우리가 연결된 능선이 남북으로 뻗어 있는데 동쪽은 경사가 완만하고 서쪽은 매우 급하다. 치악산은 1973년에 강원도 도립공원으로 지정되었고 1984년에 국립공원으로 승격되었다.

비로봉에서 점심을 먹었는데 바람이 차고 추워서 부지런히 먹고 내려가야 했다. 사다리 병창길은 시작부터 경사가 심했다.

정상 정복 후 내려가는 길은 몸은 힘들어도 마음이 편하다. 아이들도 내려가는 길을 즐거워한다.

등산 때마다 만나는 줄무늬 다람쥐. 아이들이 다음 산행은 사패산이라고 다람쥐에게 말을 걸며 미리 가서 기다리란다. ㅎㅎ

가파른 내리막길이다. 조심 또 조심.

다리를 건너 오른쪽에 세렴폭포.

낙엽 이불 살포시 덮은 세렴폭포.

세렴폭포에서 구룡사로 내려 가는 길. 계곡도 좋고 낙엽 길도 너무 좋다.

구룡소는 기암의 차별 침식에 따라 낙석들이 층층으로 쌓여 만들어진 여울형 소이다.
전설에 의상대사가 구룡사 창건 당시 연못 속에 살던 용이 승천하였다고 하여 용소라는 이름 으로 불리운다.

구룡사는 신라 문무왕때 의상대사가 창건하였다.
전설에 의하면 원래 대웅전 자리에 아홉 마리 용이 살고 있는 연못이 있었다. 의상은 연못 터가 좋아 그 곳에 절을 지으려고 용들과 도술 시합을 하여 용들을 물리치고 절을 지었다. 그 후 아홉 마리 용이 살았다하여 구룡사(九龍寺)라고 이름 지었다. 그 후 조선시대 불교가 쇠퇴 하게 되자 거북바위 혈맥을 끊어 그렇다는 한 도승의 말에 거북바위의 기를 살리는 뜻에서 구룡사(九龍寺)에서 구룡사(龜龍寺)로 바꾸었다.

구룡사 아래 등나무 위 꿩 모형.
치악산은 예로부터 가을 단풍이 유명해 '적악산(赤岳山)'이라 부르는데 꿩이 목숨을 구해준 선비의 은혜를 갚고자 머리로 상원사 종을 쳤다는 전설을 근거로 꿩 '치(雉)'자를 넣어 치악산으로 개명했다. 우리 아이들이 읽은 책에서는 꿩 대신 까치가 주인공으로 나온다.

구룡사 앞 200년수령의 은행나무. 주변에 수북이 쌓인 은행잎과 굵은 가지를 감상하며 황금 은행잎이 가득 메달린 장관을 상상해 봤다.

일주문을 통과하여 내려오면서 5시 30분이 다 되었다. 주차장에서 6시에 버스를 타고 승용차로 이동했다. 몸이 힘든 만큼 성취감이 큰 산행이었다.

경기 의정부 사패산

해발 : 552M | 2009년 11월 15일

사패산 이란이름은 조선 선조 여섯째 딸 정휘옹주가 시집갈 때 사위 유정란에게 하사한 산이라 하여 붙여진 것이다. 북한산 국립공원 북쪽 끝에 있는 높이 552M 산으로 동쪽으로 수락산, 서남쪽으로 도봉산을 끼고 있다. 도봉산과는 포대능선 으로 연결되어 있고 사이에 회룡골 계곡이 있다. 한동안 군사보호구역으로 묶여서 일반인 출입이 자유롭지 못하였고 도봉산이나 북한산등의 유명세에 가려진 덕분에 자연그대로 잘 보존되어 있다. 암봉이지만 도봉산의 날카로운 암봉과는 대조적으로 정상은 넓은 암장으로 되어 있고 거대한 제단 모양을 이룬다.

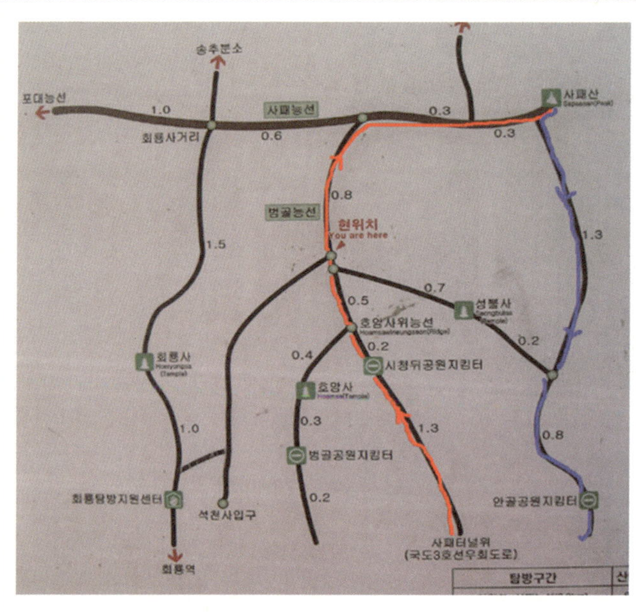

원래 계획은 회룡역에 하차. 회룡사를 지나 계곡을 따라 올라 사패능선에서 정상 정복 후 안골로 내려와 의정부 역으로 돌아오는 코스였는데 앞사람들을 무심코 따라 갔더니 올라가는 코스가 범골능선 이고, 중간에 커다란 바위 두개를 넘어 정상이 보였다.

일요일이라 등산객들이 많다. 등산로 초입에서 파이팅을 외쳐 서로를 응원하지만 은찬이는 적극적이지 않다. 마지못해 파이팅하는 은찬이.(그나마 100번째로 계획한 백두산을 무척 가고 싶어 따라다니는 것 같다.)

외곽순환 도로 밑을 통과~~,

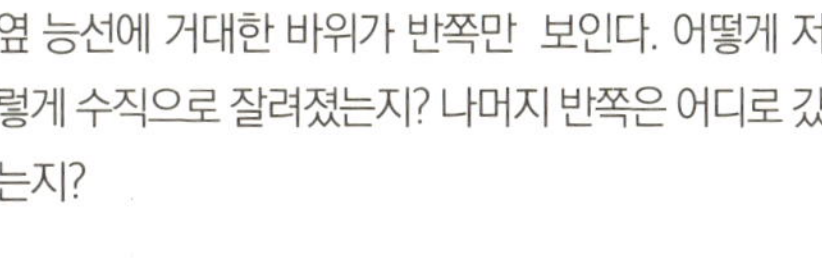

옆 능선에 거대한 바위가 반쪽만 보인다. 어떻게 저렇게 수직으로 잘려졌는지? 나머지 반쪽은 어디로 갔는지?

범골능선 중간쯤에는 얼음이 얼려 있는 바위가 보였다.

넙적바위 위 한 컷.

맑은날씨 덕분에 전체적으로 멋진 가을을 조망할 수 있었다.

기울어져 있는 커다란 바위 밑을 아주 가느다란 나뭇가지가 받치고 있었다. 애들은 와 ~~신기해하며 나뭇가지를 빼면 무너질 것으로 생각하는 것 같다. 누군가 끼워 놓은 것처럼 보이는데........ 순진한 녀석들이 귀엽기만 하다.

너럭바위 길을 잘못 들어 정말 아슬아슬하게 올라가다가 내려서 돌아가는 것을 택했다. 무리하지 않고 시간이 조금 더 걸리더라도 안전한 길을 찾는 일이 정말 잘한 것이라 생각했다.

길을 잘 못 들어 안 올라가도 될 봉우리를 계속 올라가게 됐다. 뒤에 보이는 것이 정상이다.

옆 봉우리는 도봉산 정상 자운봉 인 듯하다.

산속에서 처음만나는 안내 표지판 (좌측). 사패산 2보루 안내판 (우측) 코팅된 종이에 화살표로 오른쪽, 사패산 이라는 표시가 성의 없어 보여 속상했다. 이름표를 목에 걸고 있는 나무가 불쌍하다.

두번째 봉우리에 걸터앉은 은빈이와 은찬이. 추위에 잔뜩 움츠리고 입을 가린 은빈이가 귀엽다, 수요일에 자른 머리 때문인지 색다른 느낌도 나고(좌)
아! 멀리보이는 정상을 토끼 같은 자식들과 여우같은 마누라 데리고 어떻게 가야하나 고민하는 아빠.(우)

사진 왼편엔 수락산(사패산 맞은편)이, 멀리에선 불암산 정상이 보인다.

두 번째 봉우리를 어렵게 올라 사패산 정상을 배경으로 한 컷.

두 번째 봉우리를 내려가는 통로다. 상당히 좁고 기울기도 심해 아이들 발바닥을 손으로 잡아 주면 틈에 난 줄을 잡고 몸을 45도로 비껴 통과했다. 옆으로 내려가면 배낭이 끼고, 뒤로 내려가면 엉덩이가 낀다.

북한산 줄기들이 그렇듯 암반이 많다.(좌)
은찬이도 이제는 암벽 길에 익숙하다. 위험도가 낮으면 혼자 가도록 내버려 둔다. 든든한 쇠줄이라도 만나면 더욱 자신 있어 하며 마치 아무런 도움도 받지 않고 스스로 해낸 것처럼 좋아한다.(우)

오늘은 앞서 가지 못하는 엄마가 사진담당이여서 가족의 뒷모습
이 많다.

범골능선을 타고 오르다 드디어 사
패능선에 도달했다. 정상까지는
600M 남았다.

정상 바로 밑100M전. 은찬이는
방향 말뚝만 보면 사진 찍는 것
이 산사람 다 됐다. 크면 왔다는
증거를 남기기 위해서란다.(좌)
마지막 100M 가는 길도 만만치
않다. (우)

마침내 사패산 정상이다. 뒤에 보이는 것은 수락산(저 산도 한번 가야
되는데.......) 사패산은 여러가지로 힘들었다. 커다란 너럭바위에 앉
아 정상정복의 기쁨을 느끼려는네, 바림이 일미니 부는지. 그래도
사진 찍는다고 웃어 주는 우리 집 여자들이 신기하다. 남자들은 센
바람에 미소마저 나오지 않는데 ....(좌)
정상에 있는 조망도는 북한산 능선 가까이 도봉산부터 백운대까지
전체를 보여준다. 아이들이 북한산 백운대를 다녀왔기며 쉽게 이해
하는 것이 대견하다.(우)

안골로 내려오는길, 산은 낙
엽으로 거의 뒤덮여 있다고
해도 과언이 아니다.

❶ 내려오는 계단에서 은찬이가 낙엽을 배경삼아 한장 찍어 달란다.

❷ 커다란 바위에 주변하고 성분이 다른 것이 마치 운석 박힌 것처럼 보인다. 몇 억년 전에 바위가 땅이었을 때 운석이 떨어졌고, 그것이 바위가 되고 땅이 뒤 틀린 것 같다고 설명을 해주었다. (물론 아닐 수 있지만, 애들은 믿을 수밖에…….) 참 멋있고 특이한 바위였다.

❸ 무게를 버틸 수 있는 나무들도 아닌데 바위를 나뭇가지로 받혀놓은 등산객들의 센스가 뛰어났다. 은찬이는 쥐포되기 전에 빨리 나오라며 은빈이를 채촉한다.

계곡도 보이고 거의 다 내려 온 것 같다.

안 골쪽 산에서 내려와 포장도로에 도착해서 19번째 산행임을 알리는 세리머니를 하고 있다.
안골에서 내려와 의정부역까지 7정거장 한 3Km의 거리를 (1시간 이상) 다시 걸었다. 네이버 지도에서 안골로 내려오면 크게 2블럭 지나 의정부역이라고 확인 했는데, 잘못 내려온 것인지, 잘못 본 것인지, 아스팔트 도로를 걷는 것도 무척이나 힘들었다. 앞으로   나오는 도로에선 무조건 버스를 탈 것이라고 다짐을 했다. 일요일이고 낮은 산이라고 아침 8시 40분에 집에서 나섰는데, 결국 의정부역에서 4시 20분경 전철을 탔고, 집에는 거의 6시경 도착했다. 애들을 위해서라도 조금 더 세심하게 준비를 해야 겠다.

경기 수원 칠보산

해발 : 238.8M | 2009년 11월 22일

칠보산은 해발 238.8M의 산으로 수원 서쪽에 위치하고 있으며 수원시와 안산시 그리고 화성군 경계에 있다. 안산시 사사동과 화성군 매송면 천천리·원평리·어천리 그리고 수원시 금곡동·호매실동·당수동등이 산 주변에 자리하고 있다.

무학사 입구 도로변에 주차하고 7번 코스로 칠보산 정상을 향했다.
칠보산은 비교적 평평한 능선이 남북으로 이어져 있고 숲이 우거져 삼림욕과 산책길로
적합하다. 맑은 날에는 서해 바다가 보이며 저녁 노을이 아름답기로 유명하다.

수원 사시는 외할머니, 외할아버지와 함께 하는 특별한 산행이다. 파이팅!!!

칠보산에는 5개의 산봉우리가 있는데 238M의 산 정상을 필두로 234M의 군부대가 있는 봉우리, 185M의 잠종장 뒷산봉우리, 165M의 개심사 뒷산 봉우리, 187M의 오룡골 뒷산봉우리 등이다.

칠보산에는 모두 6개의 절이 있는데 수원시 쪽에는 개심사·용화사·무학사·여래사 등이 있고, 안산 쪽으로 칠보사 그리고 화성 쪽으로 일광사가 있다. 절은 칠보산에 있다는 일곱 가지 보물 중 한 가지이다.

정상까지 2.7km.(좌)
늦가을 오후 햇살이 따뜻했다.(우)

바위가 많은 치악산과 사패산을 다녀온 뒤라 칠보산은 가뿐하다. 편안히 걸으며 여유로운 가을 오후를 만끽하며 산림욕을 즐길 수 있어 좋다.

산길을 걸으며 나무 사이로 보는 하늘이 너무 좋다.

❶ 등산로 중간 중간에 쉼터가 있다.
❷ 등산로 모래가 햇살을 받으니 보석 박힌 것처럼 반짝인다.
❸ 정상가는 길.

칠보산 정상. 표지석이 없어 좀 아쉽다. '팔보산(八寶山)'에서 칠보산으로 변화한 유래에 대해서는 다음과 같은 이야기가 전해지고 있다. 이 산은 처음에는 산삼·맷돌·잣나무·황금 수탉·호랑이·절·장사·금 등의 보물 8개가 있어서 팔보산으로 불렸다고 한다. 귀중한 보물이 여덟 가지나 있다는 소문 때문에 산 주변에는 마을이 형성되고 장사꾼들도 많이 모여들었다. 하지만 일확천금을 노리고 보물을 찾겠다고 모여든 사람들은 쉽게 그 보물을 찾을 수 없게 되자, 점차 도적떼로 변하여 행패를 부렸다.

특히 칠보산에 있는 비들치고개는 도적떼가 들끓어 장사꾼들은 이 고개를 넘는 일이 가장 큰일이었다. 이때 장씨라는 장사꾼이 있었는데 장사를 마치고 집으로 돌아가려니 아무래도 비들치 고개를 넘는 일이 마음에 걸렸다. 그래서 칠보산 아래 주막에서 다른 장사꾼들이 모여 함께 고개를 넘기로 했다. 그런데 장씨가 그만 약속 시간에 늦어 일행들을 놓치고 말았다. 이에 장씨는 빠른 걸음으로 가면 앞서 간 일행들과 만날 수 있으리라는 생각에 혼자서 산을 넘었다.

그런데 두려움에 떨며 앞서간 일행들을 쫓아 오르던 장씨의 귀에 닭 울음소리가 들렸다. 깊은 산중에 닭이 있을 리가 없다고 생각하면서도 장씨는 닭 울음 소리가 나는 쪽으로 가보았다. 그랬더니 조그마한 샘에 닭 한 마리가 빠져서 허우적 거리고 있었다. 장씨는 얼른 두 팔을 벌려 그 닭을 구해주었다.

그런데 놀랍게도 그 닭은 황금으로 된 닭이었다. 장씨는 금세 이 황금 닭이 팔보산 여덟 가지 보물 중의 하나인 것을 알아차리고 즉시 그 닭을 보자기에 싸서 산을 내려 왔다. 소식을 들은 도적떼가 몰려오는 소리에 잠을 깬 장씨는 잽싸게 뒷문으로 도망쳐 구사일생으로 집에 도착했다. 그리고 아내와 상의 끝에 서둘러 다른 곳으로 이사를 했다.

그러나 비들치 고개의 도적들은 끈질기게 장 씨를 찾아 다녔고 마침내 장씨가 이사한 곳을 알아냈다. 그리고 장씨가 장사 나간 사이에 집에 들이닥쳐 황금 닭을 내놓으라고 행패를 부리고 숨겨놓은 황금 닭을 찾지 못하자 돈과 패물을 빼앗아 가버렸다. 이에 장씨는 다시 아내와 함께 숨겨둔 황금 닭을 안고 급히 다른 곳으로 도망을 가다가 그만 도적떼에게 잡혀 죽고 말았다.

그런데 장씨 부부를 칼로 죽이고 마침내 황금 닭을 차지한 도둑들이 막 황금 닭을 잡으려 하자 갑자기 하늘에서 천둥번개가 내리쳤다. 이에 도적들은 혼비백산해서 도망갔다.

한참 후 천둥번개가 멎더니 황금 닭이 목청을 높여 크게 한 번 울고는 보통 닭으로 변한 채 그 자리에서 죽고 말았다.

 이렇게 해서 팔보산의 여덟 가지 보물 중에서 황금 닭이 인간의 욕심으로 하늘의 분노를 일으켜 없어지고 만 것이었다. 이때부터 팔보산에는 여덟 가지 보물이 아니라 일곱 가지 보물만 남게 되었고 이름도 칠보산으로 바뀌어 불리게 되었다.

정상에서 간식과 뜨거운 커피를 마시며 휴식을 취했다.

산행을 마치고 스무 번째를 자축하는 세레머니(손가락 스무개)~~
정상까지 왕복거리로 7km정도 걸었고 3시간 가량 걸렸다.

충남 공주 계룡산

해발 : 847M | 2009년 11월 28일

아침 6시 강남 터미널에서로 고속버스로 갑사에 도착 후 동학사를 지나 대전으로 돌아 올 생각이었다. 터미널에 도착했는데 마침 공주 가는 차편이 매진 되어서 50분을 더 기다려야 했다.8시 5분차를 타서 공주 터미널에 10시경 도착했다. 공주 터미널에서 갑사 편 버스를 이용하려 했으나 연결되는 차편이 없어 택시를 이용할 수 밖에 없었다.(요금:1만5천원) 갑사 주차장 도착한 10시 45분부터 산행이 시작 되었다.

조금 추울 줄 알았는데, 바람이 없어서 등줄기에선 땀이 많이 났다. 등산 차림을 마치고 산행을 했다. 국립공원이름에 걸맞게 등산로가 잘 갖춰져 있다.

커다란 나무들의 이름표가 붙어 있었다.
기억나는 나무이름 중 하나는 쉬~나무.

갑사 일주문을 지나면서.

동서남북 네 방향을 지키며 부처님 세계를 수호하는 갑사 사천왕. 칼을 들고 동쪽을 지키는 지국천왕. 삼지
창을 들고 서쪽을 지키는 광목천왕, 여의주를 들고, 여의주를 들고 남쪽을 지키는 증장천왕. 비파를 들고 북
쪽을 지키는 다문천왕이 보인다.

갑사 도착 범종루와 절에 가면 꼭 들러 보는 대웅전이 보인다.

갑사에 막 올라온 은빈이는
덥다면서도 주머니에 손을
꼭 넣고 다닌다.

대웅전 안 스님의 축원소리가 낭랑하다.

두 마리의 용이 네 다리와 몸으로 뉴(종을 매다는 꼭지)를 이루고 있는 범종. 범종루에는 커다란 종보다 오래되 보였다.

남매탑 쪽 오르막길에서 감나무에서 감이 떨어져 형체를 못 알아보게 터져 버렸다. 만일 맞았다면, 머리에 날계란을 뒤집어 썼을거란 표현에 애들이 웃는다.

삼불봉으로 올라 자연능선(계룡산 주능선)을 보고, 남매탑을 보는것이 오늘산행 의 주된 목적이다. 광교산 형제봉에서 남매탑을 얘기를 하며 남매탑을 꼭 보러가자고 했는데, 드디어 약속을 지키게 되었다.

용문폭포 물줄기가 약하다.

동고비 한마리가 낙엽 속에서 도토리 열매 같은 것을 찾아 참나무 사이에 꼭꼭 박아놓는 것이 신기해 한참 구경을 했다.

금잔디 고개에서 남매탑 가는 중 삼불봉 고개에서 삼불봉 쪽으로 올라가는 계단이 상당히 가파르다. 고개에 많은 사람들이 힘들 것을 예상하여 미리 포기 하려는 사람들의 이야기가 들린다. 하지만, 우리 아이들은 군 말없이 잘도 오른다. 동안 등산을 하며 체력이 단련된 까닭일까? 봉우리(정상)을 꼭 가려는 마음일까?

부처님 세분이 서 계신 듯 한 모습의 삼불봉 정상.
삼불봉 정상에서 본 자연성 능. 맨 왼쪽이 천황봉, 맨 오른쪽부터 연천봉 ,관음봉 이라는데 뿌연 안개 때문에 숨막히는 자연성능의 웅장함은 느끼질 못해 아쉽다. 날씨는 좋은데......

남매탑, 우리 두남매
도 남매탑 처럼 서로
의지하며 살아가길,

동학사로 내려 가는 길 잠깐 쉬는 동안 등산로 옆에서 누웠는데 은찬이가 내 배위로 올라왔다. 한 5분 누워 있었나? 은빈이는 창피하다고 빨리 일어나란다.

옛날 동학사에는 비구니만 있다고 들었는데, 지금은 남자 스님(비구)들도 몇 분 보인다.

동학사 일주문.

21번째 산행을 마친다.

동학사 주차장에서 시내버스를 타고 유성터미널까지 25분 정도 걸려서 4시 10분에 도착했다, 인천 행 4시 40분 차는 매진되었고, 5시 20분 표를 받았다.

또 1시간 기다림. 보통유성 → 인천까지 2시간 30분 걸리는데, 주말에서인지 8시 40분경 도착했다. 전철을 타고 집에 도착한 시간은 10시였다. 아침 6시 출발하여 밤 10시, 정말 기차를 예매하지 않는다면 버스를 이용한 산행은 무리인 듯하다. 산악회라도 가입해야하나? 점점 운전하기는 싫고, 애들과 산악회 가입도 썩 내키는 일도 아니고 고민 된다.

경기 의왕 모락산

해발 : 385M | 2009년 12월 13일

일요일 아침을 여유 있게 먹고 물과 간식을 간단히 준비하고 출발했다. 계원대 후문 주차장에 차를 주차하고 9시15분 부터 등산을 시작했다.

경기대학교 앞에서 버스로 상광교 버스종점까지 이동 후 산행 시작.
사방댐~ 노루목 대피소~ 광교산 시루봉을 오를 계획이다.

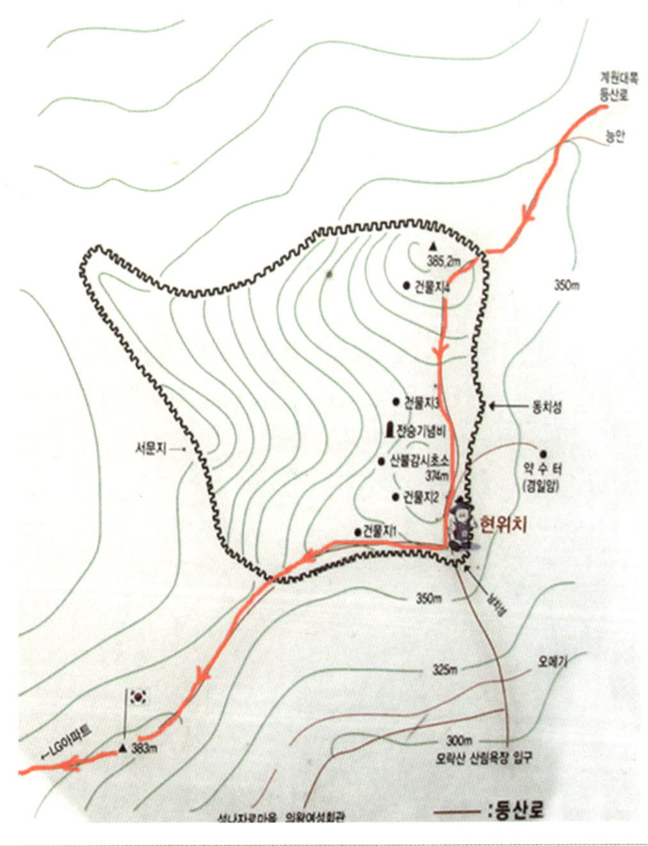

후문 주차장에서 길을 건너(앞쪽으로는 길이 없는 줄 알았다). 음식점 옆을 지나 해서 터널 위를 건너 산행이 시작
됐다. 가파르지는 않지만 계속되는 오르막 능선을 타고 산을 오른다.

운동기구에서 가볍게 몸을 풀고 출발~

다행이도 바람이 불지 않아 산행하기 좋은 날이다.

정상까지 1,110m 이젠 은찬이도 힘들어하지 않고
산을 잘 오른다.

정상까지 910m. 여기서부터 가파른 계단이 이어졌다.

곰치 머리 같이 생긴 바위모양 입 속에 쏙 들어 앉은 남매.

6.25전쟁 51주년을 기념해서 전승기념비가 세워져 있는 곳.

정상에서 멀리 태극기가 보인다.

사유지인 곤씨 지묘가 있는 곳이 실제 정상이라고 의왕에 사신다는 어르신들이 얘기해준다. 예전엔 군부대가 있었고 정상을 상징하는 태극기를 꽂은 국기봉은 그보다 3m정도가 낮다고 한다. 어쩐지 곤씨 지묘 위에서 바라 본 국기봉은 낮아보였다.

11시 15분. 해발 385m 모락산 정상.

내려오는 길 절벽 끝에 놓인 바위를 밀어 떨어뜨리겠다고 시도 중인 아이들.

재활용품을 활용해서 운동기구를 만들어 놓은 주민 쉼터. 은찬이 자세가 제법 나온다.

11시50분 산행을 마치며 손가락 22개 모아 모아 세레머니~
아파트촌을 돌아 외곽순환도로 밑으로 40분 정도를 걸어 차를 주차해 놓은 곳까지 걸었다. 다른 산에 비하면 너무도 쉬운 산행 이였다. 돌아오는 길에 두부정식을 점심으로 먹고 집으로 돌아온 아이들은 또 자전거를 타고 논다.
무엇보다도 꾸준한 산행으로 아이들의 체력이 정말 좋아졌다.

강원 태백 태백산

해발 : 1,567M | 2009년 12월 20일

강원도에서 근무하면서 가전 팀 영동MC 직원들과 포근한 날. 눈 내린 태백산을 오른 적이 있었는데 멋진 풍경이 오랫동안 남아 있었다. 이이들과 산행을 시작하면서, 겨울이 오면 반드시 태백산을 데려가리라 다짐한 약속을 드디어 지키게 되었다.

포근한 날을 잡아 눈꽃열차를 이용한 산행을 계획했는데, PRO폰 판촉 행사인 산악회 주관 태백 산행 프로그램을 운 좋게도 이용할 수 있었다. 잠실에서 7시 40분 출발 예정이여서 아이들을 완전 무장시키고 따뜻한 물 담은 보온병과 아이젠을 챙겨 아침 5시 25분 집을 출발하였다. 5시 47분 전철을 타고 잠실역에 도착한 시간이 6시 55분이다. 이럴 줄 알았으면 30분 더 잘 걸 하는 생각도 들었다.

❶ 일기예보는 최저 영하10도, 낮 최고 영하 2도란다. 정말 엄청 춥다. 산 오르기 전에 산악회(4050 아띠 산악회)와 같이 몸 푸는 체조도 했다.

❷ 등산을 시작한지 한 300m정도 갔을까? 아이젠을 차지 않으면 안 될 정도로 길이 얼어 있고, 눈이 쌓여있다.

❸ 바람이 너무 세게 분다. 눈과 바람이 얼굴을 때려 너무 따갑다. 그래도 공기는 정말 맑다.

❹ 은빈이가 빨리 걷더니 나무에 걸터 앉는다. 보통 땐 은찬이가 앉는데, 은빈이에게 자리를 빼앗겼다.

동영상

눈 쌓인 태백산 주목나무가 달력 사진으로 자주 등장하는 이유를 알겠다. 유일사 매표소에서 천제단 까지 4Km남았다. 계속 오르막이지만 길이 넓고 평평해서 넘어질 걱정은 덜었다.

죽어서도 멋있는 주목나무가 많다.

세상은 온통 바람 부는 소리 뿐. 천제단 에서 한 걸음 뗄라 치면, 바람에 날아 갈 듯 몸이붕~~ 들리기도 한다.

직장인을 위한 **주말 가족 산행기 100선** **1**

드디어 장군봉 정상. 너무 추워서 정상에서는 빨리 내려와 500M 아래 있는 망경사 매점에서 컵라면 2개와 (2,500원*2), 김밥으로 점심을 먹었다.

장군봉에서 본 천제단.

난 아무리 보아도 천제단이 높은것 같은데 장군봉은 1,567M, 천제단은 1,560M로 장군봉이 더 높다.

천제단 안에 비닐을 뒤집어쓴 채 가부좌로 앉아 수련 중인 사람들이 있어 혹시나 방해될까봐 조용히 나왔다.

날씨가 좋아서 태백산에서 본 전체 조망은 정말 장쾌 했다. 탁 트인 조망은 산중의 산이란 느낌이다. 하지만 너무 춥고 배가 고파서 오래 있지는 못했다.

역시 표지석이 있어야 정상을 정복한 맛이 난다. 이전 산행 땐 정상적인 표지석이 없는 곳이 많아 아쉬웠는데 오랜만에 만나니 반갑다. 더구나 이름만큼 큰 표지석이어서 더욱 기분이 좋다.

천제단과 망경사 사이에 단종 비각. 애들이 힘들었는지 망경사가 바로 보이는데도 주저앉아 ,내려가서 밥 먹자고 꼬셔도 일어나지 않으려 한다.

단종비각에서 본 망경사.

아까부터 에너지 제로라며 은찬이가 슬슬 짜증을 부린다. 오늘은 춥고 산악회와 함께 해서 머뭇거릴 여유가 없다. 우리 때문에 시간이 지체되게 하긴 싫다.(좌)
석탄박물관 앞,
박물관안도 들어가고 싶지만, 버스가 떠날까 안까지는 못 가봤다. 나와 와이프는 개장 초기에 방문 했는데, 전시품과 체험 거리가 많아서 제대로 다 보려면 반나절 정도는 족히 걸린다. 다른 날 잡아 구경시켜 줘야지!(우)

내리막길을 거의 내려왔다. 주차장까지 1Km정도는 평탄한 길이다.
계곡은 온통 얼음으로 덥혀있고 그 얼음들 사이로 또 졸졸 물이 흐른다.

23번째 산행 세리머니.
30개가 넘으면 엄마도 찍어야 하고,
40개가 넘으면 발가락도 보태야 하나?

주차장 내려가는 길에 만난 조형물 분수 같은데 일부로 얼려서 만든 듯 하다. 오후 3시 40분에 버스에 도착하고, 4시 20분 출발했다.
오늘은 운전도 안하고 예정된 경로로 등산을 하고, 눈 내린 멋진 조망을 볼 수 있어서 적어도 나에게는 너무나도 좋은 산행이었다. 버스 안에서 "은빈아! 너 참 대단하다. 추운 날 힘든 산을 올랐는데, 힘들다 춥다 불평 한마디 안하고......" 했더니 씩 웃고 만다. '그동안 많이 다녔잖아요. 뭐 이정도 가지고......'라고 말하는 듯하다.

충남 예산 용봉산

해발 : 381M | 2010년 1월 1일

2008년 1월 1일에는 소래산 정상에서, 2009년은 왜목마을에서, 2010년 새해에는 용봉산에서 일출을 보았다. 예산 예당저수지 앞 펜션에서 차로 40분정도달리면 용봉산과 만날 수 있다.

날씨가 몹시 춥다는 일기예보 때문에 전날부터 걱정이 태산이었는데, 새벽에 일어나니 바람이 세질 않아 다행이다 싶다.

용봉산은 충남 홍성군 홍북면과 예산군 덕산면·삽교읍에 걸쳐 있으며 북쪽으로는 가야산과 덕숭산과 함께 산 일대가 덕산도립공원으로 지정되었다. 충남의 금강산으로 불릴 만큼 바위와 조망이 멋있다.

일출감상을 목표로 평이한 코스를 잡았는데, 하산 후 용봉초등학교까지 걸어가는 거리도 만만치 않았다.

6시 10분 용봉초등학교 입구 도착. 등산로 안내도 앞에서 기념사진 찍고, 아이젠 차고 완전무장 후 6시 20분 출발.

용도사 대웅전 앞, 용도사까지 오르막길엔 차 한 대가 너끈하게 올라올 정도의 면적이 눈이 하나도 없어 괜히 아이젠을 차고 왔다는 생각이 들었다.

어제 초저녁부터 보름달이 떠서 새벽에는 달도 없고 깜깜할 줄 알았는데, 서쪽에 보름달이 걸려 있어 그리 어둡지 않았다. 7부 정도 올랐을까? 엄마는 은찬이 한쪽 아이젠이 없다며 찾으러 내려간다는 것을 말리느라 힘들었다.

7시 40분에 정상에 도착.
은찬이는 나머지 한쪽 아이젠 마저 잃어 버렸는데 없어졌는지 몰랐단다. 이미 15명 정도 먼저 도착해 있었다 대한민국에 산을 좋아하는 사람이 정말 많은 것 같다.

7시 47분. 드디어 2010년 새해 첫 해가 떠오르기 시작한다.

우리가족 모두 건강하고, 나라 국민 모두 다 같이 잘살기를 염원하며.

정말 언제 보아도 일출은 감동이며 신년 일출은 더욱 의미가 크다.(좌)
떠오른 해를 뒤로 하고.(우)

❶ 정상에서 최영 장군 활터로 내려가려는 길 앞에서. 은찬이는 8살. 올해 초등학생이 된다.

❷ 나뭇가지 사이로 떠오른 태양 빛으로 눈이 부시다.

❸ 최영 장군 활터 앞 은빈, 엄마는 사진 찍으랴, 아이젠 없는 은찬이 손잡고 오랴. 계속 뒤 처졌다.

❹ 정상에서 본 내포평야.

내려가는 길 눈 덮힌 바위가 많아 멋진 풍경을 연출했다.(좌)
내려오면서 보는 다른 봉우리.(우)

맑은 겨울 하늘과 눈쌓인 산이 절경이다.(좌) 멀리 청소년 수련원 보이는 쪽으로 내려가야 한다. 바위산 굴곡이 심하고 미끄러워 굉장히 조심스럽다.(우)

예산 쪽 조망. 속이 탁 트이는 느낌이다.(좌) 구름다리. 오늘은 24번째 세리머니를 까먹었다.(우)

❶ 얼은 곳이 많아 미끄럼을 타며 동네어귀로 접어들었다.

❷ 마을에 있는 강아지 한마리가 쫓아 나왔다. 깡총깡총 뛰면서 은찬이에게 안기고 꼬리치며 엄청 아양을 떤다. 집에서 강아지를 못 키우서인지 애들이 엄청 좋아한다. 정 붙기 전에 집에 가라고 쫓아 보냈다.

❸ 눈 쌓인 논 앞에서 장난도 치고.

용봉초등학교를 가로 질러서 들어왔다. 얼굴이 틀 정도로 날씨는 차가왔지만, 3년 연속 가족이 함께 일출을 볼 수있어 뿌듯하다. 언제나 건강히 신년일출을 볼 수 있길 바란다. 내년은 어디서 볼까? 펜션에서 떡국을 먹고 덕산 스파 캐슬로 향했다. 우리가족의 올해 산행목표는 40개다. 전년에 23개 산행을 했으니, 최소 63개 산을 오를 것이다. 50번째는 한라산에 갈 것을 아이들과 약속했고 금강산도 한번 가보고 싶다. 100번째 산행으로 백두산을 계획했다. 올해도 꾸준하고 안전하게 산행을 하리라 다짐한다.

동영상

경기 하남 검단산

해발 : 657M | 2010년 1월 9일

우리 가족은 여행을 즐긴다. 25번째 오늘의 목표는 검단산(657m)이다.
겨울이라 날도 춥고, 눈도 많이 와서 서울 근교산과 충청도에 있는 산으로 산행을
이어가려 한다. 자가용으로 집에서 8시 55분에 출발하여 하남시 산곡초등학교 입
구에 주차한 시간이 10시다.

오늘의 목표, 검단산지도.

산곡초등학교에서 300~500m 정도 오르다 본격적인 등산로가 시작된다. 눈이 많이 쌓여있어 안내도 앞에서 아이젠을 착용하고 산행을 시작했다.

겨울인데도 푸른 소나무들이 참 예쁘다.　　　　눈 쌓인 나무들.

눈이 푹푹 들어가는 곳이 많아 아이젠을 차고도 미끄러지고 시간도 오래 걸리고 힘도 더 들었다.

약수터 얼음 언 밑으로도 차가운 물이 흘렀다. 은찬이는 거의 한 바가지를 다 마셨다. 시원하고 맛있었다. 정상까지는 900m 정도 남았다. 쉬시던 분들이 어린이들이 이곳까지 올라왔다고, 격려해 주면서 초콜릿을 주셨다. 아이들이랑 다니면 얻어먹는 것도 많다.

정상으로 올라가는 길.

눈 덮인 길을 하염없이 가는 우리들.

바람이 세게 불지 않아 등산하기 좋은 날씨다. 산 아래 운무에 휩싸여 높은 산봉우리만 보였다.

저기 저 언덕만 넘으면 정상이다. 서있는 북쪽을 바라보며 북한산 도봉산까지도 하늘과 맞닿은 산 눈금이 그림처럼 보이는 조망에 참 좋은 곳이다.

북한산이 보인다. 하늘색도 참 예쁘네~

별로 안 추웠다. 오늘은 도시락도 안 싸왔는데, 배가 고프기 시작한다.

검단산 정상에서 보는 눈 덮인 산이다. 하늘이 무지개 색이다.

땅콩을 줬더니 곤줄박이가 와서 물어갔다. 검단산새들은 사람들과 친하기로 소문 나있다.그래서 우리도 집에서 부터 새에게 줄 땅콩을 미리 준비해 갔다.

귀여운 곤줄박이가 와서 땅콩을 먹는데, 마지막에 온 곤줄박이는 땅콩이 없어서 먹지 못했다. 주변을 2~3번 쳐다보고 그냥 날아가는 것이 웃겼다.

나무에 올라간 은빈,은찬이 모습.

하산 길 모습. 이곳 조망도 참 좋네.

동영상

호국사 종 앞에서 한번 쉬고~

현충탑에 도착한 시간은 2시 30분. 4시간 30분 동안 산속에 있었다. 우리 딴에는 빨리 간다 해도 어른들 걸음에 비하면 느리긴 느리다. 내려올 때 미끄러져서 힘들었지만 25번째 산을 정복했다. ㅎㅎ

냠냠~식당에서 고기를 구어 먹는다. 나는 고기 몇 점을 직접 구워 보고 싶었다. 엄마 아빠는 우린와 사이다로 건배 하며 막걸리 1통을 마셨다. 우리가족의 25번째 산행을 위하여....... 막걸리, 우리는 사이다.

충남 청양 칠갑산

해발 : 561M | 2010년 1월 16일

오후기온이 영상까지 올라간다는 일기예보를 듣고 좀 멀리 가기로 생각하고, 칠갑산을 선택했다. 인터넷에서 알프스 마을에서 얼음 분수 축제를 한다는 정보를 얻을 수 있었다. 앗싸! 오는 길 선물처럼 아이들과 즐거운 시간을 보내야 겠다. 집에서 7시 47분 출발하여 칠갑광장 주차장에 9시 45분에 도착했다. 우리는 10시에 시작되는 천문대 입장권을 가까스로 끊을 수 있었다. 아이들하고 칠갑산 천문대에서 매시간 정각에 운영되는 프로그램을 통해 천체 관측을 할 계획이다.

천문대에서 천체 투영관과 3D영화도 한 편씩 보고, 천체 망원경으로 태양(흑점)을 관찰했다. 내 눈엔 그냥 동그란 점일 뿐이었다. 2년전에 양평 천문대 야외에서 돗자리 깔고 밤을 세웠던 기억이 새로운데 은찬이는 전혀 기억이 없단다. (에궁^^),
(요금은 어른 3,000원 초등생 1,000원 합계 7,000원. (아직 미취학 은찬이는 공짜)

오늘코스는 천문대에서 1시간 정도 구경을 하고 산장로로 올라가서, 2009년 7월 말 개통된 칠갑산의 명물 출렁다리쪽 (천장로)으로 내려올 계획이다.

칠갑광장 휴게소에서 기념사진 찍고, 구기자 약숫물 한 잔하고 출발.

정상까지 산책로 같은 등산로가 꽤나 넓게 펼쳐져 있다. 쌓인 눈이 햇빛에 반사되어 애들 얼굴이 까맣게 타버렸다.

칠갑산이 있는 청양군은 고추로 유명하다. 지역 색에 걸맞게 다리며, 도로의 가로수, 등산로 이정표까지 고추를 형상화한 조형물이 많다. 은찬이 컨디션이 오늘 영~ 안 좋다.

등산로 주변은 산벗나무로 보이는 나무들이 터널처럼 서있다. 벚꽃 피는 계절이면 정말 멋있겠다.

아이젠을 착용했기에 미끄럽지도 않고, 뽀드득 눈 밟는 소리가 정겨울 정도로 이쁘게 들린 다. 천문대를 나오면서

정상 근처에 있는 자비정. 보통 정자는 기둥이 6개나 8개인 팔각정이 많다. 하지만 칠갑산이름처럼 기둥이 신기하게 7개다. 360도를 7로 나누면… 설계 할 때 좀 헷갈렸겠다.

정상에 가까워질수록 좁아지기 시작한 등산로 .

마지막 정상으로 올라가는 가파른 길은 계단이다. 저 멀리 은빈이가 1등, 뒤이어 아빠가 2등, 은찬은 폼 잡고 3등, 사진 담당 엄마가 꼴찌다.

드디어 정상(561M)이다. 야호~~~

날씨가 맑아 시계가 확 트여 조망이 일품이다.

정상에서 컵라면 2개와 고구마 6개와 소시지를 먹고, 커피와 코코아를 나눠 마시며 한기를 녹였다.

내려가는 갈림길에서. 등산로가 좁다.

은빈이는 산에 천지인 눈 한덩이 만들어 올라가더니
내려올 때 또 한덩이를 뭉친다.

내리막 길 경사진 곳엔 계단이 설
치되어 있다.(위) 출렁다리가 보
인다.(위)
호수 위 얼음두께가 10cm 정도
되는 서있는 기분도 삼삼하다. 뒤
에 빙어 잡는 아저씨는 한마리도
못 잡으셨단다.(아래)

출렁다리는 2009년 7월 28일 개통 되었다.천장호
의 명물답게 오가는 사람들이 많다.

출렁다리위에서 26회 산행 축하 세리머니를.

얼은 호수에 비친 또 하나의 가족사진

얼음 분수축제가 열리는 청양군 정산면 알프스 마을로 이동했는데 관광객이 제법 많다. 입장료로 자유이용권 12,000원을 내면 나갈 때 각종 농산물이나 더덕, 복분자주 또는 흑태(검은콩)등을 5,000원어치 바꿔준다. 겨울에 농촌 수익 사업으로 운영하여 지역경제를 살리고 관광객 에게는 좋은 추억거릴 만들어 준다.

얼음 분수 위쪽에서는 계속 물이 튀어 나오는데 대나무를 이용해 분수 형태로 뿜어낸 물이 찬 공기를 만나 얼어붙으면서 만들어 낸 기둥이 웅장하다.

얼음집(이글루) 안에서 애들은 신났다. 산을 타고 넘어 올 때는 힘들다 하면서도 놀 때는 이제막 집에서 나온 아이들처럼 팔팔하다.

빙어 잡이와, 송어잡이는 수영장에다 풀어 놨는데 오늘은 폐장이란다. 그 냥 얼음 봅슬레이, 눈썰매, 얼음썰매로 오후를 신나게 보냈다.

눈썰매장에서 은빈이는 타고 내려오면 뛰어서 다시 올라가기를 몇 번이나 반복했는지 모르겠다. 올겨울은 어디 못 가봤다는 소리는 안 할 것 같다.

처음에는 얼음썰매를 어려워하더니 금방 잘도 탄다. 한국사람 DNA가 확실히 있는 것 같다. 농산물 교환권 5,000원을 밤으로 사서 모두 모여 밤을 굽고 맛있게 까먹었다. 불앞에서 계속 흔들어 줘야하는데. 보통일이 아니다. 에구~~~ 팔 아퍼.

충남 예산 덕숭산

해발 : 495.2M | 2010년 2월 6일

남편이 2주 연속 주말에 출근하는 바람에 산행을 못해 미안하다며 이번 주는 산에 꼭 가기로 했다. 토요일 은빈이 학교 수업을 마치고 바로 자가용으로 출발해서 충남 예산의 덕숭산으로 향했다. 겨울산행은 위험하지 않은 충청권과 수도권 인근산 위주로 미리 골라 놨다.

2시 25분에 산행을 시작했다. 백제의 고찰 수덕사를 돌아보고 관음바위 뒤 관음석불까지 1080계단을 올라 덕숭산 정상을 오르는 코스다.

입장료는 어른 2,000원, 어린이 1,000원이다.

일주문을 지나 금강문을 지나고 사천왕문을 향해서 힘차게 올라간다.

황하정루를 지나 높은 계단을 오르니 국보49호 수덕사 대웅전이 보인다.

고려 충렬왕 때 지어진 대웅전의 고즈넉한 창살과 배흘림기둥이 고찰의 역사를 느끼게 한다.

수덕사 뒤로 이어진 1080개의 계단을 오르기 시작했다. 정말 1080개인지 세어보지는 않았 지만 계단을 오르기가 지루하 거나 힘들지 않았다.

울창한 소나무 숲으로 이어진 등산로는 아기자기 하다.

정상 부근에 바위코스가 미끄러워서 조심스럽게 올라 갔다.

날씨도 좋구 산행도 힘들지 않아 마치 소풍 나온 듯 하다.

정상의 탁 트인 전망이 시원스럽다. 내포평야와 서해 바다까지 보인다.

해발 495.2m 덕숭산 정산. 바람도 없고 햇빛이 따사로워서 은찬이는 점퍼도 벗어버렸다. 뒤로 가야산(677m)이 보이고, 동남쪽으로는 용봉산,수암산이 보인다. 덕숭산은 산 속에 자리 잡은 연꽃 봉오리 같은 위치라고 한다.

정상에서 일출을보며 새해를 맞았던 용봉산이 멀리 보인다.

돌문이 특이한 정혜사 앞.

절벽에 아슬아슬하게 지어진 소림 초당.

너무 예쁜 수덕사 범종각 옆 소나무

범종각 옆 커다란 구멍이 있는 나무를 아이들이 신기해하며 들여다본다.

수덕사에서 내려다 본 아름다운 풍경. 3시간 가량 걸린 산행이였지만 힘들지 않고 즐거웠다.

서울 서초구 청계산

해발 : 582.5M | 2010년 2월 13일

설을 앞두고 청계산에 갔다. 다녀와서 차례상 준비를 하기로 했다. 근교에 있는 산이어서 어렵지 않다는 말을 믿고 가벼운 마음으로 출발 했다.

매봉에서 망경대를 지나 청계사로 넘어가는 코스로 산행을 시작했다.

지하철을 갈아타고 3호선 양재역에서 청계산 입구까지는 버스를 타고 갔다.

출발 기념하는 사진을 12시 30분에 찍고 출발!

오전까지 내린 눈이 소복이 쌓인 설경이 멋있다. 날씨도 포근하여 걱정은 덜었다.

눈속 세상에서 푹 묻혀 지낸 하루다.

바람 반대 방향에 눈 쌓인 나무는 완벽한 동양화 전시회장 풍경이다.

매봉을 향하는 계단.

쌓인 눈이 미끄럽지 않아서 힘들진 않았다. 은빈이는 습관처럼 눈을 뭉치고 산행 내내 눈사람 이야기다. 장난꾸러기 바람은 눈으로 얼굴을 때리기도 하고 눈폭탄을 쏘기도 한다. 방어책은 모자를 쓰는 것 뿐이다.

돌문을 돌고 나가면 만사 잘 풀린다는 돌문바위 앞에서 스님이 돌보는개가 너무 순하고 착하다고 아이들이 좋아했다.

눈 덮인 나무들이 장관이다.

582.5m
청계산 매봉

매봉에서 쉬고 있는데 동고비와 직박구리가 먹이를 얻어먹으러 왔다. 아이들이 과자부스러기를 주었더니 동고비는 과감하게 손위에 있는 먹이를 물어가고 직박구리는 울타리에 놓아 준 먹이를 조심스레 먹는다. 검단산에서 대세인 곤줄박이는 별로 안 보인다.

매봉과 망경대 사이 고갯길인 혈읍재.

강원도 산처럼 설경이 너무 멋있다.

망경대 꼭대기는 군사시설이라 망경대를 돌아서 가야 한다.

망경대 돌아서 평평한 헬기장에 도착했다.

석기봉 쪽 오르는 길, 50m로 높진 않지만 눈 쌓인 바위가 위험할 것 같아 포기.

이수봉 갈림길로 내려가는길에 나무가 은빈,은찬이   드디어 청계사 표지판이 나왔다.
앉으라고 팔을 벌려 주었다.

28번째 가족산행을 기념
하며 손가락 28개로 세
레머니~~~(좌)
거대한 청계사 와불. 멀리
서 보았을 때 분수대인줄
알았다.(우)

가지런하게 늘어선 처마 밑 고드름과 눈 쌓인 동자승 인형 그리고 바람에 흔들리는 풍경까지 오래도록기억
될 풍경이다.

자신을 낮춘 듯
허리숙인 소나무의
아름다운 자태

눈 덮인 청계산과 소
나무 숲 사이 청계사.

5시30분에 청계사에서 내려와 버스를 타고 인덕원역으로 갔다. 아이들 체력이 강해졌는지 전철을 몇 번 갈
아타고 집으로 돌아오는 동안에도 참 씩씩했다.

경기 남양주 천마산

해발 : 812M | 2010년 2월 16일

내일까지 휴가여서, 하루 좀 푹 쉬려는데, 오늘은 산에 안가냐는 와이프 목소리가 무척이나 반갑다. "어디 갈꺼야?", "천마산.", "어딘데? 가까워. 뭐있어?", "조망이 죽인데......."
누군가의 블로그에서 등잔 밑이 어둡다고 수도권 가까이 있으면서도 산사람들이 많이 찾지 않은 산중 추천한 산으로 기억된다.

오늘까지 쉬는 회사가 많아서인지 내부순환도로로 도착까지 1시간이 안 걸린것 같다.
호평동 수진사(어딘지 모르겠음) 파라곤 아파트를 짓고 있는 앞에 주차장에 차를 세워놓았다.
천마산 오기전에는 버스타고 묵현리로 가서 호평동으로 넘어 오려했는데 급하게 출발하다보니 호평동쪽으로 왔다.

자! 출발 1시 50분. 세리머니를 내려올때 하는데, 오늘은 올라가기전에 29번째 세리머니를 했다.

옆으로 부러진 나무위에서. 나무위에 앉는것은 이제 버릇. 자연을 사랑해야 하는데,

조금올라가니 입구가 나오고 계속해서 길은 깨끗..

계속 눈이 쌓여있는길을 올라갔다. 눈이와서 포근이 쌓여있는데, 길의 경사가 심하지 않아 아이젠은 천마의집에 가서 신었다.

계곡길이 있는것 같은데, 넓은길을 계속따라 왔더니 산능성이를 따라 계속 구불구불 넓은길이다. 그 와 중에 고뫼골 약수터.

천마의집 바로지나 쉼터에서 아이 젠을 신고, 본격적인 오르막 시작.

거의 경사가 45도 인데,

저뒤에 보이는 것이 정상인 줄 알았음. 올라가 보니 140m 뒤였고, 나중에 확인하니 805봉 이었음.

계속적인 오르막, 오늘은 은찬이가 제일 잘올라간다. 노래도 불러가며 뛰어다닌다.

은빈이를 뒤에서 앉고 뒤로 넘어지듯 힘을 주어 장난을 하니, 은빈이가 경악한다.

바위사이에 굴도 있고, 굴확인하러 은빈이가 올라가 본다. 안에는 아무것도 없단다.

바위에 붙은 고드름을 떼어내서 칼싸움도 하고, 씹어서 먹어 보았다. 나는 이빨이 시린데, 애들은 잘도 먹는다. 맛있다는데.

꺽정바위에 벤치가 놓여있다. 정말 조망 좋은자리에 아빠와 은찬이가 나란히,,,,

무슨얘기 했더라?? "아빠 담배 피지 마.".. 에궁

그곳에 누군가가 버리고 간 담배꽁초가 한 개 있었다.

하늘에 구름한점 없어, 산에 능선이 골격처럼 전체의 산지도가 눈 앞에 놓여 보였다.

정상부 흐늘어진 노송이 유명하다는데,, 바로 이것인지 무지 크더만..

드디어 정상(812m). 정상이 길쭉하
게 좁으면서 길다.

축령산 서리산도 보이고,, 조밍하니는 사방 팔방으로 기가 막히다. 산이름을 다몰라서 어디가 어디인지는
모르나,
굳이 알필요도 없이 멋있다. 천마산 조망이 유명한 것이 이렇게 트여서.......

정상에는 태극기도 있고, 태극기가 오늘 단것처럼 참 깨끗하다.(좌)
정상부 노송 앞에서.(우)

내려오던길 헬기장에서 눈위에 누워 보라니까, 바로 발랑 뒤로 자빠진다.

천마의집을 지나 올라왔던 도로에서, 경사를 이용해 비료포대(매번 가지고 다님.. 검단산에서도 탔었고,),, 실제는 비닐로 된 돗자리인데, 겨울되면서 짤라가지고 비료포대(썰매용으로)로 사용하고 있음.
근데, 산에가면 썰매타기금지가 붙어있는 산도있고, 나무들사이에서 무리하게 타기도 위험했는데,
이번에는 딱이었네요.. 아주 내려오는 2km의 길을 거의 비닐포대 타고내려왔음. 운전을 못해서 뒤집어 져서 그렇치..

비닐포대 타는라 내려오면서 사진도 못찍었네요. 마지막 거의 다 내려와서 폼좀 잡아보랬더니,,,
참 별 폼을 다잡네... 하지만 재미있네...
도착시간은 6시 30분. 4시간 40분간의 산행이었고,, 내일은 잠 좀 자야겠네...
설연휴 2군데의 산을 갔다왔으니, 설 친지들 방문등 피곤하지만, 너무 즐겁다. 다음 산행은 30번째 아이들을 위해 이벤트를 마련해야 겠는걸..

전북 무주 덕유산

해발 : 1614M | 2010년 2월 20일

오늘은 30번째 산 덕유산에 갔다. 곤돌라 타고 올라갔는데 아주 추웠다.
30번째로 국립공원을 이벤트 삼아 아침 5시 일어나서 6시 출발, 무주리조트 도착
은 9시였다.

덕유산 국립공원 지도
곤돌라를 타고 설천봉으로 올라가서, 향적봉 → 오수자굴 → 백련사 → 삼공리 매표소로 오는 코스.
설천봉에서 삼공리 주차장 까지 약 12km가 되는 코스였다.

곤돌라 타고 올라가는 모습. 곤돌라가 흔들렸다.
비용은 어른 8,000원 어린이 6,000원 해서 총 28,000원이 들었다.(편도)

다 올라온 모습.
설천봉 정상 곤돌라에 내리니 구름이 지날때 거의 어
두웠고, 바람에 몹시 기온이 낮았다.

여기는 아주 추워서 덜덜 떨었다.

이제 본격적인 산행을 시작했다.
눈보라가 쳐서 모자까지 뒤집어 쓰고 출발을 했는데, 향적봉까지 바람이 많이 불었다.

고산지대라서 주목과 구상나무가 많았다. 눈과 조화를 이루어 설경이 기가 막혔다.

구름이 왜이렇게 낮게 있지?
많이올라오긴 많이 올라왔나보다.

바위에 눈이 얼어 붙어 있는 모습도 예술작품 같았다.

예쁜 서리가 잔뜩 열렸다. 나와 은찬이가 걸어가고 있다.

덕유산 정상(향적봉) 1614m
정상석이 얼어 붙어있어 글씨가 잘 보이질 않는다.
춥긴춥다. 날씨는 맑아 졌는데,,,,

향적봉에서 중봉으로 가는길 대피소로 내려가는 중.

바로 아래 향적봉 대피소가 보이고 중간에 철탑(7월달에 철거 예정 이란다)도 멋있고, 멀리 중봉도 보인다.

향적봉에서 중봉까지의 설경이 정말 눈이 부시다.

주목과 구상나무가 엉켜 붙어 예술을,

눈폭탄에 바람에 모자를 쓰고,,

바위에 어울린 나무..

관광지에서 얼굴 넣고 사진찍게끔 만들어 놓은 것처럼 자연이 만들어 놓은 사진관에 은빈이가 얼굴을 넣었다. 은빈이가 나무가 되었네.

중봉으로 가는 아빠 뒷모습, 멀리 지나온 향적봉도 보이고, 은찬 은빈 둘이서.

중봉에서 본 남덕유산 방면 조망
동엽령 쪽으로 내려가는 사람들도 보이고

중봉 바로아래 동엽령과 오수자굴로 갈라지는 곳 ,
여기서 부터 오수자굴은 1.4km 란다.

오수자굴로 내려가는 중 바위의 전망이 멋있어서 한장.
바로 뒤의 바위를 지나, 봉우리 들로 내려갔음

등산로변 아무도 밟지 않는 눈이 있어 은찬이보고 들
어가서 한장 찍자고 했는데...
2일전(목요일) 눈이 이곳에 20~30cm가 왔다함.

중간에는 이런 길도 있고, 누
가보면 정원 같다고 할것 같은
데, 은빈이가 포즈를 취하고

오수자굴 도착해서도시락을 먹고 은빈이와 은찬이 바위
에 붙은 고드름으로 칼싸움도 하고, 동굴안은 오히려 바람
도 없고 따뜻했는데, 아래서 붙어 자란 고드름이 마치 종
유석 석순 처럼 보인다.

신기해서 만져 보기도 하고,

오수자굴에서 백련사 쪽도 온통 설경에 중간에 계곡
이 나오면서 길이 쉬워진다.

오수자굴에서 백련사 까지는
2.8km

백련사 도착. 약숫물도 마시고,, 찌릿찌릿(차가워서), 물통에다가 한통 담고.

백련사에서 눈사람도 만들어 봤다.

눈위에서 신났다.

백련사 일주문을 나서면서,, 안내판에서 사진도 찍고, 산에 다니면서 절도 참 많이 들리는 것 같다.

신라 신문왕때 지었던 절인데, 6.25때 타버려, 재건한 사찰.

백련사 일주문을 나서면서 삼공리 매표소 까지는 약 5km이고, 지금은 매표소를 막나와 안내도 앞에서,,

차장까지는 여기서도 1km는 내려 간 것 같다.

주차장에서 무주리조트 셔틀버스를 기다리다 타고 다시 무주리조트로 향해간다. 리조트에 차가 있으니,

30번째 세리머니, 다음부터는 엄마 가 꼭 끼어야 한다. 손가락이 모자르 니까?

동영상

충남 천안 흑성산

해발 : 519M | 2010년 2월 28일

31번째 산행과 3.1절을 기념하여 가족 산행 코스로 독립기념관 뒤에 위치한 흑성산으로 정했다. 흑성산의 본래 이름은 검은성인데 성을 중심으로 김시민, 박문수, 김좌진, 유관순, 이동령, 이범석, 조병옥 등 많은 구국열사가 배출되었고 일제 때 검다라는 뜻을 옮겨서 흑성산으로 바꾼 것이다. 등반 후 독립기념관에서 체험학습을 하고 돌아오기 위해 아침 일찍 집에서 나섰다.

9시 45분에 독립기념관에 도착해서 주차장에 차를 댔다.

전날 내린 비로 아침 안개가 짙게 깔려있다. 아직 이른 시간이라 사람이 별로 없다. 입장은 무료.

입장하자마자 한얼이 열차를 탔다. (요금은 8세 이상 천원, 8세 미만 오백원) 별 것 아난 것 같은데 아이들은 놀이동산에 온 것처럼 좋아했다. 한얼이 열차를 타고 추모의 자리에서 내렸다.

추모의 자리 올라가는 계단.굽어보는 소나무와 제단처럼 올려 진 계단에 숙연한 기분마저 든다.

겨레의 혼을 느끼는 걸까? 까불며 오던 아이들도 추모의 자리에 올라서며 좀 차분해지나 보다. 함께 묵념했다.

추모의 자리 왼편 단풍나무 길에서 산행 시작~

안개가 많다 했더니 나무에 매달린 아침이슬이 구슬을 매단 것처럼 반짝였다.

멋지게 구부러진 오솔길에서 한 컷!

단풍나무이라는 이름답게 양쪽으로 단풍나무가 줄 서 있고 나무 밑에는 지난 가을에 떨어진 빨간 단풍잎이 아직도 수북이 쌓여 있다.

단풍나무길 중간에서 등산로를 발견하고 산행을 시작했다. 멧돼지가 출몰한다는 경고문을 보고 아이들이 살짝 겁을 내더니 호신용으로 나무 지팡이를 하나씩 집어 든다.

중턱쯤 오르니 군인들이 소그룹으로 훈련을 하고 있었다. 군인들은 일요일에 안 쉬나?
우리 국군 파이팅~!

계속 산길인줄 알았는데 정상에 군부대가 있는지 도로가 나 있다.

군용차가 내려오자 아이들은 또 신기해한다. 우리 은찬이도 크면 군대 갈 텐데....... 생각하니 왠지 짠하다.

길 끝이 정상.

정상이 여느 산과는 다른 모습이다. 뒤에 보이는 곳은 KBS의 중계소이다. 독립기념관과 조화를 이루기 위해 수원성을 토태로 축조했다.

흑성산 정상. 해발 519m.흑성산 정상부에 흑성산성에 대한 안내가 있다. 돌로 쌓은 산성의 둘레는 570m인데 훼손이 심하여 본래의 모습은 찾기 힘들다. 세종실록지리지와 동국여지승람에 기록이 남아있다.
우리 가족 산행 31번째를 기념하는 손가락 세리머니를 하며 사진을 찍었다.

정상석 옆으로 내려와서 KBS
중계소를 빙 돌아 하산 길에
접어들었다.

등산객이 별로 없어 너무 한적하다.

숲을 지나다 갑자기 전망이 확 트였다. 저 아래 독립기
념관이 보인다.

독립기념관으로 신나게 하산.

표지판이 떨어진 채 바닥에 놓여 방향을 알려 주고있다.들여다보는 은찬이 표정이 재미있다. 올해 입학하는 은찬이에게 오늘 산행과 독립기념관 체험이 좋은 경험이 되길 바란다.

다리를 쉬라고 누워있는 듯이 나무가 혼자만 구부러져 자라네~ 덕분에 잠깐 쉬며 한 컷!

정상에서 만난 다른 분들이 올라온 쪽으로 우린 거꾸로 내려왔다. 산 정상에 솟은 철탑이 보인다. 다녀왔다는 뿌듯함을 안고 독립기념관을 향해 내려갔다.

힘들지 않은 산행과 독립기념관에 간다는 기대에 아이들은 신났다. 둘이 까불대며 뛰어다니다가 주저앉아 장난친다.

서울 도봉구 도봉산

해발 : 740M | 2010년 3월 13일

놀토. 좀 멀리 가려했지만 전일 회식으로 인한 만취로 일어나기는 했는데, 와이프가 음주운전이라고 해서 무리하지 않기로 했다. 그러나 만만치 않았다. 전철을 타고 도봉산을 가기로 결정했다. 1호선을 타고 도봉산에 도착했다. 전철 이동시간만 거의 1시간 30분.

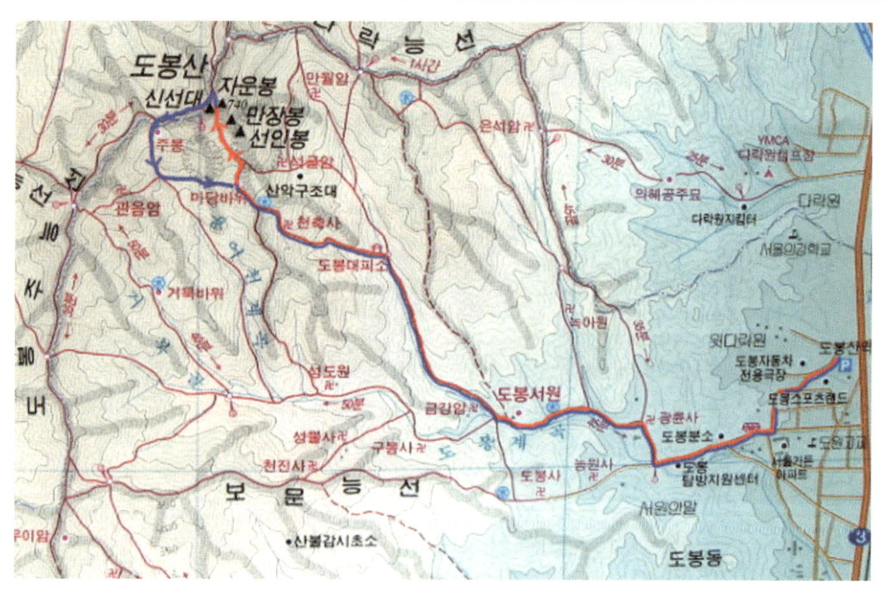

탐방 지원센터 앞에서 도봉서원 마당바위를 통해서 정상을 도착한 후 다락능선을 통해 녹야원 쪽으로 내려오는 코스를 계획했는데, 실제는 그렇게 되질 않았다.

전철에서 내려 10분정도 걸어 탐방센터 부근에 도착.

탐방 센터 막 지나서 도봉산 표지석이 있고

30~40분이 지나 약수터가 나왔다. 약숫물을 한잔하고 "카! 시원하다" 하는 은찬이가 재미있다. 산에 온 어린이 단체가 많이 보인다. 숲 앞에서 탐방활동을 하는 것 같아 좋아 보인다.

기온은 여전히 찬데, 입구 쪽 계곡물은 얼음이 풀려 맑기만 하다.

갈림길에서 현 위치를 확인하고, 애들에게 알려준 후 출발,

이번 루트는 정상까지 3km 정도여서 쉽게 봤는데, 정상으로 갈수로 눈과 얼음이 녹질 않아 미끄럽고 경사도 만만치 않다.

윗도리를 벗기에는 춥고, 입고 있자니 등에 땀이 난다. 봄은 분명 봄이다.

오늘은 은찬이가 초입부터 씩씩하다. 선두로 계속해서 치고 나간다. 중간 중간 말도 안하고 쉬지도 않아 내가 더 힘들다. 산에 다니면서 대화가 많아 좋다. 요즘은 게임을 좀 하다보니 스타 얘기도 많이 한다.

당당한 은찬이와 달리 난 숙취가 아직도 몸속에 남아 있는지, 힘이 많이 든다.

또 갈림길이다. 서울에 있는 산이어서 그런지, 산에 등산로가 너무 많다는 생각이 든다. 이렇게 되면 야생동물도 살기가 힘 들 텐데. 까마귀, 까치, 동고비, 박새등새들만 본 것 같다. 네 발 동물은 봄인데도 한 마리도 못 봤다.

❶ 천축사 가기 전 은빈이가 찍은 사진. 마지막 화장실 표지판을 왜 찍었는지?

❷ 작지만 예쁜 폭포

❸ 올라갈수록 그늘진 곳에 눈과 얼음이 많아 쉽지가 않다. 아이젠은 올라갈 때 까지는 그냥 갔고 정상에서 내려오면서 착용했다,

천축사를 지나 계속적인 경사로.

드디어 마당바위 도착. 경사가 심한 바위 위에 삼삼오오 모여서 점심도 먹고, 앉아서 이야기를 하고 있다.

반대쪽 능선이나 기암들이 내린 눈과 함께, 또다시 동양화를 연출한다. 계곡 쪽으로 가서 그런지, 확 트인 조망을 많이 만나질 못했다.

선인봉을 뒤로 놓고 한 장. 마당바위에서 더 올라 온 곳인데 평평하다. 많은 사람들이 모여 있다. 이곳에서 잠시 쉬고는 꼭대기까지 쉴 곳이 없다

만장봉 과 선인봉 사이.

마지막 오름길 사람이 많고 미끄럽다. 왼쪽이 신선대 오르쪽이 자운봉이다.
우리는 앞에 보이는 바위 뒤로가서, 신선대를 오르지 않았다. 계속 내려 오는 사람들과 얼음때문에.
자운봉은 올라갈 곳이 없다. 커다란 바위하나, 전문 클라이머들이나 올라 가겠군.

자운봉과 신선대 사이에서.
국립공원 관리공단 사람들이 몇분 보이셨다.
안전때문 인것 같았다.
내려갈때는 아이젠을 차라고 확인 하셨다.

자운봉과 신선대 사이에 안내판이
있어서, 국립공원 관리공단 분이 찍
어 주셨다.

32번째 세리머니 있지 않고, 은빈
이는 목이 아프다고 인상을 펴질 않
는다.

자운봉이 740m이니, 이곳은
720m 정도 되는것 같다.

신선대 옆을 돌아 주봉쪽으로 갔다.
응달이 져서 얼음바닥에, 가는사람
오는사람으로 철제 난간 붙잡고 갔
는데.
밑이 다 얼음이어서 은빈이가 미끌
어져 절벽으로 떨어질뻔 했다. 정말
깜짝 놀랐다.
은찬이를 앞에서 당기고 가는 나도
힘이 많이 들었다. 다른 산님들이 도
와주시기도 했다.
많이 위험한 곳이었다.

신선대 뒤쪽에서 주봉 쪽으로.

중간에 목재 데크도 있고, 아이젠으로 하도 밟어서 인지 목재가 많이 일어나 있었다.

뒤돌아 본 신선대위에 사람들이 많다. 올라갈때는 신선대 위의 사람이 보이질 않는데, 뒷편에서는 잘 보인다.

아이젠을 차고 주봉에서 마당 바위 쪽으로,

마른길, 젖은길, 얼은길, 바윗길 길의 상태가 계속 바뀐다.

다시 마당바위에서.

멀리 선인봉을 배경으로. 은빈이가 어른스럽게 나왔네~

집에서 9시경 출발, 11시에 오르기 시작, 내려오니 4시 20분, 집에 도착 6시 30분이다. 다음에는 다른 코스로 한 번 더 가봐야겠다. 정상으로 갈수로 미끄러워서 고생한 하루였다. 술은 덜 깼어도, 신선한 공기와 장대한 바위들을 보면서 아무생각 없이 지낼 수 있었던 재미있는 하루였다.

경기 가평 운악산

해발 : 935.7M | 2010년 3월 28일

경기 5악으로 불리우는 가평 운악산이다. 일요일 일찍 출발을 해서 막히지 않고 가평 하판리 현등사 쪽 주차장에 도착했다. 운악산은 포천 운주사가 있는 곳으로 올라가는 코스와 현등사 코스가 있다. 바위 모습과 경치가 현등사 코스가 더 좋다고 해서 선택했다.

올라가는 코스는 경치를 감상할 수 있는 능선으로 올라가고, 절고개를 지나 계곡 현등사 코스로 내려오는 곳으로 잡았다

아침 일찍부터 두부마을답게 입구부터 두부를 직접 만들고 계시는 모습이 이곳저곳에서 눈에 띈다. 멀리 산 전체 아름다운 모습도 보인다.

두부마을을 지나면 입구가 나온다. 아직 이른 시간에 서인지 매표소에서 입장료를 안 받는다.

매표소 입구에서 조금 더 걸어가니 현등사 일주문이 나온다. 일주문 치고 상당히 색이 깨끗하고 멋있다.

날씨가 좋아서 여러 산악회가 온 것 같다. 능선 길 올라가는 입구에 산악회원들로 붐빈다.

능선에 올라오니 이정표가 나오기 시작하는데, 오르막길, 내리막길이 많아서인지 안내된 거리보다 훨씬 많이 걸어 온 느낌이 든다.
일단 한 컷.

조금 더 올라왔을 뿐인데, 지치기 시작한다. 오늘은 은찬이가 좀 더 처진다.

특별한 이름을 갖진 않은 듯한데, 바위 위에 바위가 붙었는데 아랫바위가 뭉그러져 있어 희한하게 보인다.

모습 그대로 이름은 눈썹바위

오늘 은찬이 컨디션이 영 안 좋은데, 은찬이 움직임에 맞추다 보니 산행이 느려진다.

내려가는 길에 보이는 병풍바위. 왼편으로 정상을 향해 가기 시작!!

'악'자 들어가는 산이어서 그런지 바위들 크기
나 모습이 장난 아니고, 길 역시 로프를 잡고
넘어가는 곳이 많다.

뒤에 보이는 것이 미륵바위, 멀리 가평의 유명한 산
능선이 이어져 있다,

점점 정상에 가까워지니, 눈 쌓인 곳이 많다.

만경대 바로 전.
바위산들 사진이 잘나오는 것 같다. 역시 날씨
가 좋아야 경치도 더욱 볼 만하다.

정상 전 만경대. 경치 조망하기 좋은 곳답게 사람이 많다.
우리는 여기가 정상인 줄 알았는데, 정상은 여기서 한
150m 정도 뒤에 있다. 만경대가 전망이 좋고,
정상은 오히려 조망이 안 나온다.

정상석**운악산 정상 937.5m 33번째 가족산행의 정상이다. 날씨는 좋은데, 바람이 불어 체감온도가 낮아 더 내려가 바람이 불지 않는 곳에서 점심을 먹기로 했다.(좌)
절 고개에서 계곡으로 내려오는 길은 경사도가 심하다. 내려오는 중간에 코끼리 바위가 있다. 누가 봐도 코끼리 모양이네.(우)

정상에서 절고개 쪽으로 내려가는 길. 데크 설치를 잘해 놓았다.

내려 오는 길 남근석 전망대. 은찬이가 묻는다. 남근석이 뭐냐고? 은찬이 고추모양. 은빈이는 관심이 없네.

계곡으로 내려가는 길이 쉽지가 않아 안전하게 발 디딜 자리 확인하기도 바쁘다.

이제 현등사 근처에 다 왔다. 오른쪽으로 돌아 들어가면 된다.

현등사 도착. 여러 가지 문화재 구경을 하였다. 이곳엔 부처님의 진신사리를 모신(적멸보궁) 삼층석탑이 있다. 아이들에게 설명해 줄 요량으로 인터넷을 많이 찾아보게 된다.

날은 추운데, 계절은 봄이다. 나무들이 꽃봉오리들을 터트리려 움추려서도 준비 중이다.

현등사에서 나와 매표소까지는 차로가 뚫려있다.

아들과 아빠가 여유롭게 대화해 가며 걷는다. 옆에 흐르는 용소와 계곡물도 너무 멋있다. 많이 찍은 것 같은데, 와이프가 올리질 않았네,

한참 내려오다가 세리머니를 해야 한다는 사실을 깨달았다. 그 많던 산악회원들은 어디가고 우리밖에 없다. 엄마가 사진을 찍어야기에 세리머니를 손 다 펴고, 발 하나씩 들고 33번째를 기념했다.

집으로 오자마자, 배낭을 놓고 바로 나와 자주 가는 등갈비 집에 가서 등갈비 2인분, 왕갈비 3인분을 시켜 먹었다. 물론 막걸리와 소주도 한잔 씩 하며 오늘 산행 얘기 곁들여 배부르게 먹었다. 이집은 누룽지가 서비스여서 우리 애들도 배부르게 잘 먹는다.

전북 진안 마이산

해발 : 숫봉 674M 암봉 667M | 2010년 4월 18일

전철로 회사를 출퇴근하다 KTX 마이산 벚꽃 관광안내지에 feel이 꽂혀 벚꽃 구경과 전주 한옥마을을 함께 구경하기 위해 마이산을 선택 하였다. 6시 출발하려고 했는데, 김밥 싸고 준비하느라 결국 6시 50분 출발. 3시간 정도 걸렸다.

등산로는 산림청 홈페이지에서 제시한 권장 코스 그대로를 따랐다.
남부 주차장에 주차 후 고금당 →전망대 → 봉두봉→ 탑사 앞→은수사를 보고 돌아 나와 벚꽃 구경을 하고, 탑영재 에서 오리배도 타고 돌아오는 코스이다.

블로거들이 공통으로 진안IC 들어가기 전 진안휴게소에 사진이 잘 나오는 곳이 있다는 정보를 기억하고 휴게소에 도착해서 차 안에서 계속 자던 아이들을 깨워 기념 촬영을 했다.

작년 벚꽃 개화 절정일이 4월 18일~19일이어서인지 단체관광객이 많다. 계속해서 관광버스가 들어온다.
매표소(어른 2천원, 아이 1천원)내고 쭉 들어가 표지판을 보며 슬슬 산행을 시작했다.
처음부터 고금당 까지는 조금 가파르게 이어지고 고금당을 지나 능선에 다달아서는 오르막, 내리막이 이어진다.

능선 가운데 약 4~5M 되어 보이는 커다란 바위가 길을 막고 있는 바위에 올라 한 컷.
전망대가 뒤로 보이고 멀리 암마이봉이 보인다. 등산 내내 암마이봉을 보면서 갔다.

마이산의 바위는 꼭 콘크리이트 굳은 것처럼 바위 안에 자갈들이 많이 들어있다. 거의 모든 봉우리들 전체가 하나의 바위로 되어 있다.

비교적 높은 산이 아니어서인지, 능선 따라 걷다 보니 조망이 이쪽저쪽 바로 터진다. 앞으로 지나서 올라온 금당이 멀리 보인다.

암마이봉이 보이고 뒤쪽에 기웃, 숫마이봉이 보인다. 앞에 있는 바위 옆에 거의 같은 높이의 바위가 봉두봉
이다. 보이는 데로 그냥 가는것이 아니라, 굽이굽이 돌아가는 길로 되어있다.

산 이곳저곳에 진달래가 많다. 진달래 가지가 유난히
회색을 띄는 것이 많은데 생기 있어 보인다.

봉두봉 정상 한쪽 헬기장에서 등산객들이 점심을 먹
고 있고, 한쪽에는 표지석이 있다.

봉두봉에서 내려와 탑사로 들어가는 길, 이 바위가
암마이봉이다. 저 위에 부처님도 앉아 계시네.

탑사. 애국가 울릴 때 많이 보여 지는 화면 중 하나인
돌탑들을 드디어 보는구나. 근데, 이곳도 절인데 안쪽
에 음식점들도 있고, 막걸리도 판다. 좀 너무한다는
생각이다. 물론 산에서 막 내려왔기에 한잔 마셨다.

섬진강 발원지라는데 물이 흘러 나가는 곳은 보이지
않는다. 그냥 밑으로 흘러 가나보다.

탑사 맨 뒤쪽에 있는 천지탑

탑사에서 내려와 우측으로 다시 300M 정도를 올라가면 은수사가 있다. 숫마이봉을 뒤로 한 은수사는 탑사 보다 조용해서 좋다. 은찬이는 이곳에서 커다란 북을 쳐 보았다.

마이산에서 전주 가는 길 모래재 휴게소 쪽(구도로 인 것 같다). 네비를 찍으면, 메타세콰이어 가로수 길이 나온다. 내려서 몇 장 찍었는데 날씨가 흐려서인지 사진이 확실치 못해 내 뒷모습만 증거로 남겼다.

전주 한옥마을 도착하여 경기전을 비롯해서 한옥마을을 두루 둘러봤다.
뽑기를 한 은빈이는 신기하게도 단박에 권총을 뽑았다. 한 번에 천원인데 커다란 권총을 들고 좋아하고, 은찬이는 두 번 해서 꽝. 손바닥 만한 잎사귀모양 2개를 받아 쥐고 혼자 걸어가면서 자기는 안 된다고 운다. 더 하라고 권해 보지만 닭 똥 같은 눈물만 뚝뚝 흘린다. 참 나, 위로하기도 정말 힘들다.

강원 춘천 오봉산

해발 : 779M | 2010년 4월 24일

날씨가 맑다는 일기예보에 아이들에게 소양강댐을 보여주려고 강원도 춘천 오봉산으로 출발했다. 7시10분 집에서 출발하여 서울~춘천 간 고속도로를 이용해 소양강댐 주차장에 주차한 것은 9시경이었다.

콜택시를 타고 배후령으로 가서 정상 정복 후, 청평사로 하산, 배를 타고 소양강댐으로 돌아오는 코스이다.

어느 블로거는 택시비로 2만원 줬다는데, 우리는 실제 나오는 미터기 11,800원에 콜비 1,000원을 포함 12,800원이 나와서 13,000원을 드렸는데도 왠지 7,000원을 번 것 같은 느낌이다. 친절한 기사님 덕분에 아침부터 기분이 좋았다. 춘천 팔팔 콜택시(033-264-8888) 춘천 가시면 이용해 보시길. 배후령 입구에서 산림 보호하시는 분들이 아침 일찍부터 나오셔서 사진을 찍어 주신다.

처음 한 20분정도는 경사가 가파르다, 밑에서 준비운동을 하고 오르는데도 숨이 찬다,

안개 때문일까?
구름 때문일까?
1차 능선에 다다르니 몽환적 분위기가 연출된다.
공기가 너무나도 맑고 신선하다.

낙엽이 푹신푹신하여 발걸음은 가볍고 마치 가을 산에 온 듯한 느낌이다.

큰 나무에는 꽃들이 없는데 작은 꽃들은 많이 피어 있다. 노란색 애기 똥풀 이라 생각했는데 집에 와 찾아보니 노랑제비꽃이다. 꽃이 너무 작아 은빈이가 바닥에 얼굴을 대고 찍었다.

산수유 나무도 이곳저곳 눈에 많이 띄고 능선에서는 이슬 머금은 진달래 봉우리도 보였다.

암릉 구간이 시작되면서 절벽 가까이에 뿌리내린 커다란 소나무들이 눈에 띄었다. 뒤는 절벽인데 은빈이가 무서워서 오려하지 않아 자세가 어정쩡하다.

가장 위험하다는 3봉 ~ 4봉 사이 애들도 충분히 갈 만큼 시설을 잘 갖춰 놓았다. 다만, 정상까지 능선으로 이어지는 길 양쪽으로는 절벽인 곳이 많아 계속 신경이 많이 쓰였다.

2봉 ~ 3봉 사이쯤 되려나, 청솔바위라고 표지석이 있다. 가파른 암릉을 올라와서 일단 한 컷.

정상 도착기념 사진 찍는데 파리 2마리 오봉산 정상 석에 앉았다.

내려 오는길에 은찬이가 나뭇가지에 걸려 앞으로 고 꾸러졌다. 다치지는 않았지만 신발끈이 아래 나뭇가 지에 걸려서 앞으로 자빠지는 바람에우스운 광경이 연출됐다. 다시 신발끈 고리를 짧게 매어 주었다.

오봉산에서 유명한 구멍바위
난 내려오다 배낭이 자꾸 걸리던데 아이들은 다람쥐 처럼 쉽게 잘도 빠져 나온다.

암릉길과 계곡길 갈림길에서 우리는 계곡길을 선택
하였다.
경사가 심해 뒤에서 돌이 굴러 내려오기도 했다.

계곡에서 바위위에 홈통을 만들어 세수할 수 있도록
만들었다.
물이 차갑다 면서도 세수하는 은찬이, 다컸다.

여러 가지 식물들을 많이 보았다.
바위틈 보라색 꽃이 참 예쁘다.

계곡 따라 점점 물의 양이 늘어나고….

청평사 도착.
연등과 부처님 앞 연못에 동전 넣기를 했는데 아빠는 한방에 성공, 은찬,은빈은 실패, 은찬이와 엄마는 연못에 있는 부처님께 소원도 빌었다.

누각 문을 열고 소양강쪽을 바라보는 아이들…
예술사진 같네.

청평사 뒤쪽 보호수 2종.
주목 한그루 수령이 800년 또 한그루는 수령 500년
합쳐서 1,300년.
은찬이가 자꾸 1,200년이라고 해서 엄마의 화를 돋군다.

❶ '영지'라는 연못에 커다란 물고기들이 헤엄을 치고, 등산객 아줌마가 주신 커다란 빼빼로를 잘라서 먹이로 줘본다.

❷ 아홉 가지 소리가 들린다 해서 이름 부쳐진 구성폭포, 최근 본 폭포 중에서 가장 폭포다운모습을 갖췄다.

❸ 거북바위. 내려오면서는 거북이 같질 않았는데 올라가는 쪽에서 보니 영락없는 거북이네.

❹ 상사뱀과 공주의 전설을 담는 조각상.

선착장 매표소 앞에서. 그런데 매표소가 문을 닫았다. 표가 없어 어떡하지 고민했는데 돈을 내고 탈 수있었다. (편도.어른 2,500원 어린이 1,500원) 요즘은 댐에 베스 물고기가 토종 물고기를 다 잡아 먹는다 했더니 은찬이는 베스를 다잡아 내던가, 상어를 가져다 놓아 베스를 다 없애던가 하란다. 은빈이는 더 웃긴다, 물을 다 빼고, 베스를 다잡은 후, 다시 물을 채우면 된단다. 이 물을 다 빼면 우리집까지에까지 홍수가 날 걸 했다. 그래도 아이들은 자기의견이 더 좋다고 우긴다.

선착장까지 걸어가는 길에서 호수에 돌도 던져보고….

선착장에서 댐으로 올라오는 길,

댐 옆에 있는 물 박물관

닭갈비 2인분, 막국수 1인분, 은빈이가 한 번도 안 먹어본 닭갈비를 맛있게 먹는다. 은찬이는 매운것을 잘 못 먹어 떡만 3개정도 먹고, 막국수 맵지 않게 일부만 먹었다.
샘토명물 닭갈비 집 주차장 한편에 '방방'이 있어 애들이 소화되게 20분 정도 놀았다.

경기 파주 감악산

해발 : 675M | 2010년 5월 1일

이번 주엔 아이들이 학교 가는 토요일이라서 일요일에 산행하려고 했는데, 은빈이가 친구 생일잔치에 가야한다고 한다. 토요일에 학교 마치고 교문 앞에서 아이들을 태워 파주시 감악산으로 출발했다. 아빠가 군대 생활하던 곳이라며 아빠의 군 생활 경험담이 이어졌다. 아빠가 군대에서 하루 휴가 나오면 쉬었다는 조그만 마을을 지나서 범륜사 입구에 주차하고 오후 2시 7분. 산행을 시작했다. 백두대간이 서남쪽으로 뻗어 내려온 것이 한북정맥이고, 이 한북정맥이 적성 쪽으로 뻗어간 산줄기가 감악산이다. 삼국시대부터 명산으로 알려져 있으며 삼국시대 한반도의 지배권을 다투던 곳이었고, 거란침입과 한국전쟁 때는 고랑포 싸움의 주 전지였다.

코스는 범륜사 입구에서 출발. 운계폭포 → 범륜사 → 까치봉 → 감악산 정상 → 임꺽정봉 → 만남의 숲 → 범륜사로 돌아온다. 오후에 출발한 산행이라 해지기 전에 내려와야 할 텐데 걱정이다.

몸이 안 풀려 오르막길을 헉헉~ 오르다보니 범륜사
가 보인다.

노란 개나리 앞에서 귀여운 포즈~

내리막 길에서는 신나게 달리는 은찬이.

1993년에 발굴된 이 탑은 고려 때의
탑으로 추정된다.

❶ 부처님 오신 날을 몇 주 앞두고 달아놓은 연등이 하늘에 핀 꽃 봉우리처럼 예쁘다.

❷ 지난번에 기단부, 탑신, 상륜부로 이루어진 탑은 탑신의 개수로 높이를 가름한다 했더니 은빈이가 얼른 세어보고 9층탑이라고 알려준다.

❸ 은찬이 뒤로 세계평화라고 세겨진 비석이 멋있다.

아이들은 자기가 죽을 때까지 전쟁이 안 났으면 좋겠다고 한다. 아이들 바람처럼 평화를 기원한다.

우린 이 노란 꽃이 애기똥풀 꽃 인줄 알았는데 검색해보니 애기똥 풀은 꽃잎이 네 개다. (ㅠㅠ)

그럼 이 꽃은 뭘까? (나중에 알고 보니 양지꽃.)

2시 38분. 범륜사를 나와서 본격적으로 감악산을 오른다.

중간에 다리도 있고 지루하지 않다.

1960년대 말까지 감악산에는 참숯을 굽는 사람들이 많았다. 그래서인지 숯가마터가 헤이릴 수 없이 많다.

예전에 숯가마꾼들과 화전민들이 산에 불을 놓아 잡목과 풀을 태워 경작했던 밭이 1966년 화전정리 사업 이후에 묵은 밭이 된 채 남아있다.

까치봉으로 향하는 능선에 오르니 바람이 어찌나 거센지… 날아 갈 것 같아.

능선을 타고 올라오는 바람을 맞으며 까치봉으로…

하늘로 뻗은 계단이 나온걸 보니 봉우리가 코앞인가 보다.

까치봉에 오르니 전망이 너무 멋있다. 더욱 절벽에 멋스럽게 휘어진 소나무가 장관이다.

저기 철탑이 보이는 곳이 정상이다. 자~ 또 출발!

이제 100M만 더 가면 정상이다~~~

675M. 감악산 정상!!!
옆에는 군사시설이 있고 초소
에는 군인 2명이 있다. 감악산
은 양주시, 파주시, 연천군 경
계여서 정상에는 각 영역별로
세 개의 안내 표지판이 있는 것
이 재미있다.

바람을 피해 정상에서 조금 내려와 임꺽정봉으로 향하는 길에서 도시락을 먹었다. 산에서는 뭘 먹어도 꿀맛!

또 계단이 나왔네...
임꺽정봉이 저 위에 있나보다.

표지석 뒤는 바로 절벽인데 아이구, 아그들 겁도 없
지.... 정상보다 임꺽정봉이 1.3M 더 높다.

저 위에 장군봉.
우린 옆길로 들어서서 장군봉을 돌아 지나왔다.

범륜사 표지판을 보니 반갑다.이제 진정한 하산길이
가 보다.

만남의 숲에 내려오니 정말 맘에 드는 의자들이 있
다. 오~우~~~ 시간만 많았다면 한숨자면 딱 인데....
오후 산행이라 해질까 두려워 일어났다.

다시 묵은 밭을 지나 하산 길.

36번째 감악산 산행 성공!!! 저녁 6시. 해가 산 뒤에
숨었다. 우리가 산에서 내려온 마지막 등산객인가 보
다. 오후 산행도 한적해서 좋긴 하지만 산은 아침 일
찍 가는 것이 제일 좋다.

충북 영동 천태산

해발 : 714.7M | 2010년 5월 8일

계획보다 20~30분 늦은 7시20분쯤 출발했고 어버이날과 겹쳐서 고속도로에서 오전 시간을 다 보내게 됐다. 주차장에서 산행을 시작한 시간이 12시30분이니 운전한 아빠의 고생은 말할 것도 없고 차안에서 보낸 시간이 아깝기만 하다.

충북의 자연환경명소로 지정된 천태산.
암벽코스가 많다고 해서 긴장이 된다.
산행코스는 매표소 → 영국사 산책코스 → 은행나무 → 암벽코스(A코스) → 정상 → 헬기장(D코스) →
영국사 → 주차장이다.

이미 한낮이라 햇빛이 덥다. 한 주 한 주 날씨와 계절의 변화가 피부로 느껴진다.

12시 30분 등산 시작. 토요일이고 어버이날이어서 그런지 등산객은 별로 없다.

영국사로 향하는 산책로 주변 나무가 싱그러운 초록빛 새잎으로 그늘을 만들어 준다.

충북의 설악~

암반이 많은 산이라서 계곡 바위들도 큼직큼직하다.

영국사로 향하는 길.
고려 공민왕 때 홍건적의 내습을 피하여 이곳에서
국태민안을 기원하여 영국사라고 불렸다.

주름이 많아서 삼신할멈 바위이름이 붙었나보다.
아이들에게 삼신할멈 이야기를 들려주었더니 자기
들은 엉덩이에 몽고반점이 없단다.
어릴 적에 몽고반점 확대 사진을 찍어놓을걸....

삼단폭포. 날이 더웠는데 물을 보니 좋았다.

주차장에 있는 매표소는 닫혀있고 영국사 앞 매표소
에서 2000원을 내고 입장했다.
울타리에 산악회 리본이 주~욱 걸려있다. 우리도 '우
리 집 산악회'라고 리본을 만들어 다닐까? 생각했다.

수령이 1000년쯤으로 추정되는
은행나무.
국가에 큰 난이 있을 때는 이 은행
나무가 소리를 내어 운다고 한다.

❶ 영국사에서 오른쪽으로 올라가니 미루나무가 멋진
　작은 마을이 있다.
❷ 여기서 부터 A코스 등산로. 정상까지 1,370m.
❸ 산이 평탄하지 않아서 아이들이 지루해 할 새가 없다.

❶ 곳곳에 있는 암벽코스.

❷ 정상까지 900m.아이들이 처음에 산에 다닐 때는 "900m남았어."하면 거리 감각이 없어 "그래~"하며 멋모르고 신나서 가더니, 이젠 "아직 한참 가야잖아~"한다. 이젠 "다 왔어~"하고 속여먹지도 못한다.

❸ 전망이 트인 곳에 서면 영국사가 내려다보인다.

❹ 맨손으로 줄을 타고 올라갔더니 나중엔 손바닥이 따끔거렸다.

아빠는 암벽등산로로 가고 싶어 했지만 가족의 안전을 위해 안전 등산로로 가기로 했다.

안전등산로라더니 여기도 암벽이네....

❶ 기암절벽이 많은 산이라서 쉽지 않았다. 아빠가 길을 찾아 살피고 있는데 오른쪽이 쉬운 길이 다.

❷ 해발 714.7m 천태산 정상.

❸ 정상 방명록에 아이들이 이름을 적었다. 우리의 천태산 정상을 정복했다는 흔적이 되겠지...

❹ 하산 길 양쪽으로는 절벽이어서 미끄러지지 않도록 조심해야 했다.

헬기장.전망 살피는 아빠와 중심에 자리 잡은 은찬이.

예전에 산불이 났었는지 주변에 고사한 나무들과 새
로 자란 나무들이 섞여있었다.

이 바위를 지나 내려왔다. 생각해도 아찔하네....

날이 더워서 싸간 물을 중간에 다 마셔버리고 은
빈이는 내려오는 길에 '물~물~'하며 갈증을 호소
했다. 사막 갈증 체험이라면서 참고 내려와서 만
난 영국사 약숫물을 너무 감동하며 마시는 은빈
이. 물의 소중함을 이렇게 체험하네~

단청이 입혀지지 않았지만 너무 멋스러
운 정자.
세월의 멋과 운치가 고스란히 묻어난다.

대웅전 앞 신라시대에 만
들어진 3층 석탑
그 앞쪽으로 큰 보리수가
있었다.
부처님이 보리수 아래에
앉아 수행 중에 깨달음을
얻으셨다는데 우리도...

영국사 단풍나무.
단풍나무는 가을에 붉은 잎으로 변하는 줄 알았
는데 이 단풍나무는 새 잎이 붉게 나왔다.
신기해서 한 컷. 산행을 마치고도 힘이 펄펄한 아
이들을 보면 체력이 좋아진 것 같다.
37번째 산행도 성공!

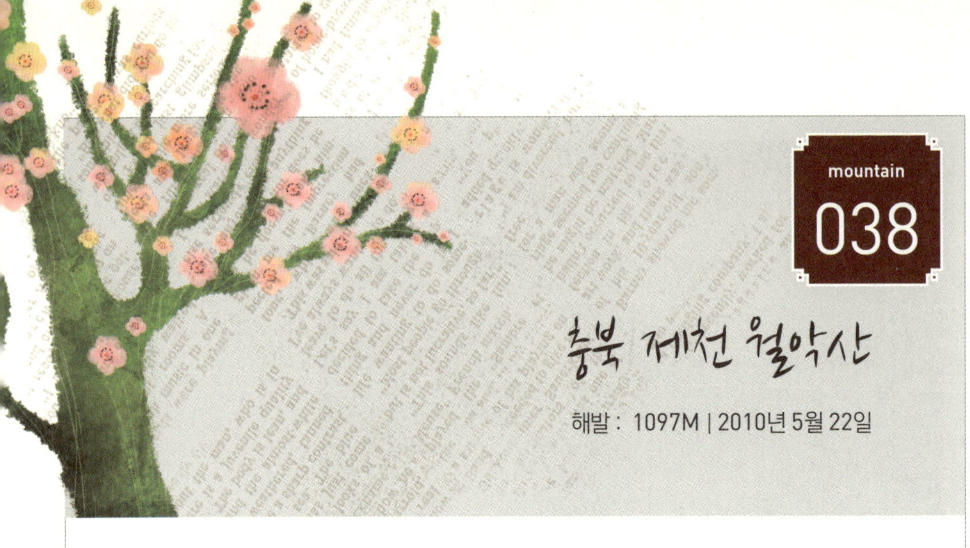

충북 제천 월악산

해발 : 1097M | 2010년 5월 22일

집에서 출발시간은 5시 50분. 오후 들어 비 예보가 있어 일찍 출발하여 주차장에 도착한 시각은 8시 10분, 올라가기 시작 한 것은 8시 30분이다. 주차장 표시판은 정상 영봉까지 6km를 가리키고 영봉부터 동창교 까지는 4.3km, 또 차를 가지러 휴게소까지 약 3km 총 약 13km를 걸은 것 같다

덕주사 → 영봉 → 송계삼거리 → 동창교 → 휴게소로 오는 코스로 잡았다.

주차장에서 1km 정도 덕주사 까지는 도로가 잘 포장되어 있다. 어제는 부처님 오신 날이어서 많이 붐비었 겠지? 여느 절과 같이 연등이 늘어서 있다.

이른 아침이어서 인지, 어제 와글와글 해서 인지 사람이 별로 없고 조용하다.

덕주산성 가운데로 길이 나있다.

성곽의 두께가 생각보다 상당히 두껍다. (한 5m정도)

계속 이어진 계곡에 아름다운 색깔은 가진 소가 자리 하고 있다.

신라 마지막 경순 왕 딸 덕주 공주 전설이 있는 덕주사에 도착했다.
매우 조용하고 물 맛 좋은 약수터에서 물을 가득 채웠다.

❶ 덕주사 앞마당에는 여러 가지 꽃밭이 가꿔져 있는
   중에 할미꽃 한 컷.
❷ 덕주사를 나와서 우측으로 등산로가 시작된다.
   여기서부터 4.9km라는 표지석 앞에서
❸ 등산로 중간 계곡을 건너는 구름다리 위.
   비가 한 두 방울씩 떨어지는데~

등산로 중간에 다시 나온 산성의 모습.
외곽과 내곽 두 군데에 산성을 쌓은 모양이다.
양쪽 산성 문을 지지하던 대들보가 박혔을 법한 구멍
이 나 있고, 은찬이는 문들을 고정하는 가운데 중심석
에 앉아 있다.

등산로가 점점 가파르게 변하기 시작한다. 국립공원
이어서 그런지 나무들이 더 울창하고 날씨가 흐려서
햇빛이 안 나는 것이 등산하기엔 더 좋은 분위기를
만들어 준다.

마애삼존석불 앞에서 기도도 하고, 여기서부터는 경사가 가파르고 철 계단이 자주 나온다.

가파른 경사를 올라와서 잠시 쉴 무렵 올라온 계곡을 끼고 멋진 조망이 펼쳐진다. 물 한잔씩 먹고~

 바위가 크고 웅장해서 다른 길도 보이질 않는데 철제 계단을 안 해 놓았으면 어떻게 올라갔을까?

멀리 충주호가 조망되기 시작했다. 양쪽 능선도 멋지게 그림을 이룬다.

960봉 이후로는 오르막 내리막이 연속되는 능선길이다. 가끔은 이렇게 편안한 길도 나와 여유를 갖게 한다.

❶ 헬기장 도착. 뒤로 영봉이 보인다. 가까워 보여도 이곳에서 2.5km 정도 돌아 올라가야 한다.

❷ 그동안 노랑제비꽃, 양지꽃 뱀딸기등과 사진 찍으며 헷갈렸는데 드디어 월악산에서 애기똥풀을 실제로 보았다. 실물은 생각보다 훨씬 크다. 아마도 애기라는 선입견이 있었나보다.

❸ 송계삼거리를 지나 영봉이 1.3~4km 남았을까? 허기가 져서 막걸리에 김밥에 점심을 먹었다.

항상 그렇지만 산에서 먹으면 왜 그리 맛있는지…

높이 150m 둘레 4km라는 영봉을 알현하고 주위를 돌아 올라간다.
마지막 정상으로 가는 길은 상당한 기울기로 지쳐서 올라오는 사람들의 오기를 발동시킨다.

드디어 정상.월악산 영봉(1,097m)
많이 와보고 싶었던 산이라 감격! 감격! 정상석 주변이 좁아서 잽싸게 한 장만 찍고, 자리에서 내려왔다.
정상 도착시간이 오후 1시 15분 정도였으니 출발부터 정상까지 밥 먹는 25분정도 포함해서 4시간 45분 걸렸다.

정상에서 충주호 쪽을 보고 한 컷. 날씨 좋은 날이면 치악산이 보인다고 하는데 오늘은 금수산 정도밖에 는 확인 불가 .

영봉 자체가 커다란 바위여서 그 옆으로 내려와 충주호 반대쪽을 조망했다.

내려 오는 길. 송계삼거리까지 다시 돌아 동창교 쪽으로 출발. 처음은 길이 편한 것 같더니 점점 기울기가 심해지면서 다리도 무릎도 많이 아프다. 항상 은빈이가 제일 말짱하다.

38번째 세리머니를 하기위해 엄마가 은빈이를 두 번 찍어서 마치 쌍둥이처럼.
와! 엄마 실력 좋은데, 음~사진이 완벽해!!!!!

동창교 거의 다 내려와서 만난 자광사

서울 서대문구 인왕산

해발 : 338M | 2010년 5월 30일

서울과 가까운 산 중 아껴놓은 곳이 6개 정도 남았다. 그중 하나인 인왕산을 가게 되었다. 2주 후면 월드컵 대회가 열리는데 주목받게 될 서울시청과 광화문, 세종대왕님과 이순신 장군님 동상 앞에서 사진을 찍고 싶어서 붐비기 전에 다녀오고 싶었다. 직장생활하며 강원도 가기 전 까지 서울에서 태어나 33년을 줄 곳 살았다. 어린 시절 응암동에서 광화문 근처를 나오면 반드시 넘어와야 했던 홍제동 무악재(그땐 길이 그것 하나 뿐이였다.)와 150번 시내버스도 기억난다. 무악재를 끼고 있는 인왕산을 이제야 가보다니 감회가 새롭다.

오늘 코스는 전철을 갈아타고 3호선 무악재 역에서 내려 산을 넘어와 사직공원으로 내려와서 광화문, 청계천을 거쳐 서울시청 잔디밭에 앉아보고 덕수궁 정문 대한문도 보고 시청역에서 전철은 타고 돌아오는 코스다.

무악재 역에 내려 김밥을 사고, 슈퍼에 들려 막걸리도 한 병사고, 천천히 올라가기 시작한다. 무악재역 1번 출구로 나와서 300M쯤 가서 우회전 도로 따라 계속 올라가는 길 우측으로 보이는 아파트 끝나는 지점부터 산길이 시작된다.

아파트 바로 뒤 방벽 위에 안내판이 있다.
뒤에 산을 가지고 있는 아파트는 여름에도 훨씬 시원할 것 같다.

흐르는 물 살짝 고여있는 곳에서 아이들이 올챙이를 잡는다. 집에 가져가면 다 죽어있을거라고 그냥 놔 주라고 했지만 결국 졌다.식수통 하나에 올챙이 7마리를 담아서 산을 넘고 물을 건너, 전철타고 집에 와서, 지금은 뒷다리까지 나와 잘 살아 계신다.
앞다리 나오면 뛰겠지. 생명의 강인함.

환희사까지 아스팔트길이다.
338M의 작은 산에도 물 흐르는 소리도 듣기 좋은 계곡물 양이 꽤 된다.

왼편이 환희사, 오른쪽 큰 너럭바위 옆 등산로로 오르기 시작했다. 은빈인 올챙이 손에 들고 좋단다.

하얀 꽃들이 이쁘게 폈네. 은찬이 발이 아프다고 해서 은빈이랑 등산화를 바꿔 신었다. 은찬이 것이 두 배는 더 비싼 오리지널 등산화인데, 발이 커졌나?

커다란 바위에 흙이 덮혀 이뤄진 산 같다. 산이 온통 바위다. 최근에 바위산을 너무 많이 간 탓일까? 크게 걱정되는 기울기도 아니고 그렇게 미끄럽지도 않아 아이들을 별도로 챙기지 않아도 될 것 같다 .

수도권에 있고 사람들이 많이 찾는 산의 등산로들은 좀 황폐해 있는 느낌이 많이 든다. 하여간, 사람 손발 이 자연에 닿아서 좋을 것이 하나도 없다.
언젠가 시골촌부의 TV 인터뷰 장면이 생각난다. "자 연을 개발한다는 것이 어딨어? 사람이 손대면 다 파 괴지, 그냥 놔 둬야해!!"

영락없는 기차모양의 기차바위가 눈에 들어온다. 그 위에 난간은 줄 서서 기차놀이 하는 느낌을 준다.

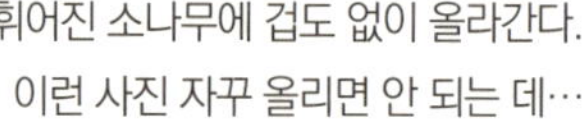

휘어진 소나무에 겁도 없이 올라간다.
이런 사진 자꾸 올리면 안 되는 데…

❶ 기차바위에서.

기차바위에 진입할 무렵 "차표 주세요." 했더니 애들이 차표를 "여기요"하고 내는 시늉을 하고 올랐다. 양쪽 조망이 모두 되는 기차바위에서 진짜 기차를 올라탄 듯한 느낌이다.

❷ 대통령 사시는 곳과 북한산성이 이어진다.

청와대 뒷산은 북악산. 자세히 보니 북한산의 줄기가 이어져 내려오고 있다.

❸ 멀리 정상이 보인다.

산성길이 나오고 운동화 신은사람, 구두신은 아저씨, 다양한 차림의 사람들이 참 많다.

정상을 이루는 바위를 옆에 두고 막걸리와 김밥으로 점심을 먹었다. 천천히 출발 했더니 점심때가 넘었다.

사직 공원 쪽으로 내려가다가 산성공사로 등산로가 폐쇄되어 헬기장까지 가 다시 정상으로 올라왔다. 그 뒤 자하문 쪽으로 가다가 사직공원 푯말이 있는 중간 길로 내려갔는데 어느 순간 아스팔트 도로가 나온다.

인왕산 정상(338M)을 이루는 곳에 또 하나의 큰 바위 위에서 찍고, 옆에 삼각점이 있고, 정상석은 없었다. 무언가를 그리는 학생이 눈치껏 좀 비켜주지 끝까지 앉아계시네. 부모들도 남 사진 찍을 때는 좀 내려오라고 하지. 가정교육이 별건가? 사람들 옆에서 계속 올라오는데도 끝까지 앉아있는 아이는 정상을 전세 낸 걸까?

길이 편안해 지고

날씨는 조금 뿌옇지만 보일 때 까지는 보이는 것 같다. 서울 남산 쪽 풍경 정상에서 큰그리드 건물을 조망 하려니 별로 감동적이지는 않는다. 확실히 대자연의 산세와 빚어놓은 산과 물과 하늘의 조화가 그대로 하나의 수묵화가 되는 조망이 최고 인 것 같다. 빌딩과 인공적 타워 그 뒤를 버티는 산들의 마루금(산행에 능선과 능선을 연결하는 것)은 어쩐지 슬프다.

산도로가 나왔는데 인도는 없고, 도로 안전 바 뒤로 산책로길이 이어진다.

사직공원 뒷편에 단군성전 별채가 있다. 올해가 단기 4343년임을 새삼스럽게 알았다.

광화문 앞에서.
광화문은 공사 중 이던데, 엄마의 사진 조작 솜씨가 갈수록 완벽해진다. 조작이 익숙하면 안되는데…
은빈이 보고 "한 걸음 떨어져서 손가락 10개를 하라고 지시까지~" 40번째가 지나면 아들도 복제되서 둘이 될것 같다.
같은 딸 둘, 아들 둘……
점. 점. 점.

이순신 장군님 동상 앞에서
한 장.
장군님은 왼손잡이.

광화문 광장에서 행사가. 사진 찍을 꺼리는 되는데 무슨 의미인지 설명을 애들에게 못해줘서 찜찜하다.
그래도 옛날 복장에 음악은 듣기 좋았다.

청계천에 와서 아이들은 발을 담그고 여유롭다.
거래처가 이 근처인데도 물이 흐르는 아래까지 처음 내려와 본다.

드디어 시청 앞 광장 도착.

2010년 월드컵대회에 16강을 지나 최소 8강까지 가길 기원한다. 다음 주면 그 함성의 시작이 이곳에서 울려 퍼지길. 그리고 많이 이들의 자연스러운 대화들이 이곳에서 자유롭게 이슈화되길, 광장이 광장으로서의 역할을 정말 제대로 할 수 있는 날이 하루 빨리 이루어지길 바라면서 아이들에게 이곳에 의미에 대하여 하나하나 얘기 해 주었는데 관심이 없는 것 같다. '아빠가 진지하게 얘길 하면, 애들이 듣지를 않아.'

39번째 산행 끝.

강원 홍천 가리산

해발 : 1050.9M | 2010년 6월 6일

강원도 홍천의 가리산을 40번째 우리 집 산악회 등반 장소로 선택했다.
봉우리가 낟가리를 쌓아올린 모양이라서 가리산 이라는데 소양강까지 다 보이고
산 능선이 아름다워 눈길을 잡았다.
아침 5시 55분 출발하여 휴양림 주차장에 도착 한 것은 8시경이고, 8시25분 출발
하여 1시 45분 도착한 원점 회기코스로 총 5시간 20분정도를 산속에 있었다.

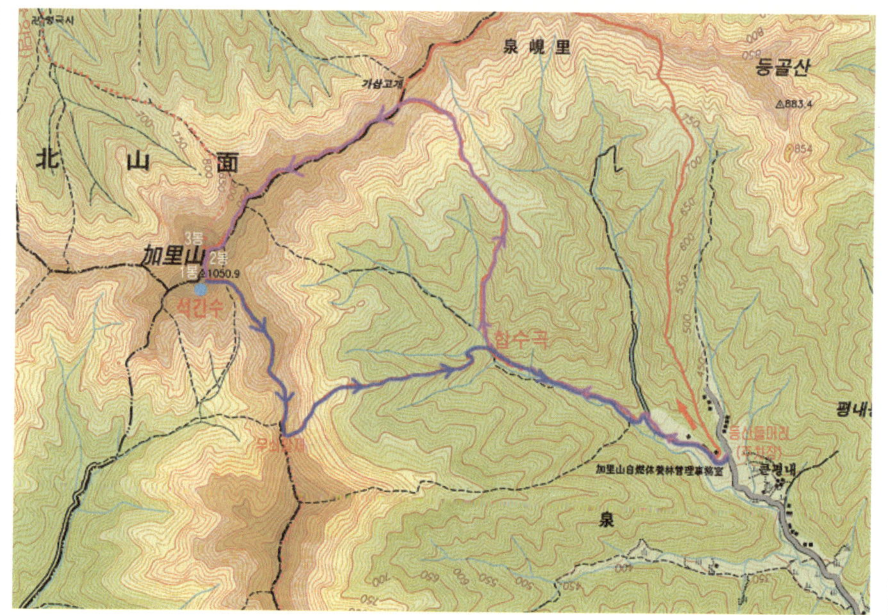

휴양림 주차장에서 출발하여 합수곡(계곡이 합쳐진 점)에서 가삽고개 쪽으로 올라 정상(3봉,2봉,1봉)차례로 오른다. 내
려오는 도중 급경사가 끝날 무렵 석간수에서 점심 식사를 한 후 무 쇠말재를 통하여, 합수곡으로 다시 내려온다.

주차장에서 한 장 찍고, 화장실 외벽에 담장이 넝쿨들이 운치 있다. 멀리 보이는 부드러운 능선에 봉긋이 올라온 정상 모습이 웅장함 보다는 재미있어 보인다. 참고로 휴양림 입장료는 어른 2,000원, 초등학생 1,000원, 주차비 3,000원인데 어른값과 주차장비만 받아 7,000원을 냈다.

주차장에서 출발하기 전 정상이 보여 기념사진 한 컷. 전 주 은찬이가 발이 아프다고 해서, 은빈이 등산화를 은찬이에게 물려주고, 똑같은 디자인으로 은빈이는 새 신을 신게 되었다.
와이프가 어른들 등산복 소재로 된 어린이용(땀 발수 되는 것)으로 하나씩 구입을 해놓았는데, 노란색이어 벌들이 달라붙질 않을까 걱정했는데, 별 무리는 없는 듯하다.

휴양림을 잘 가꾸어 놓았다.
산책로 코스에는 여러 편의 시가 적혀 있다.

휴양림 산책로를 따라 등반로 쪽으로 계속이동.
막대기를 하나 주어 지팡이 삼은 은빈이.

❶ 휴양림 표지석 앞에서.

❷ 지압코스도 있는데 조금 전에 신발 끈을 조여 놓아서 맨발로 밟지 않고 신발 신고 걸었다.

❸ 숲에는 여러 가지 아름다운 식물들이 제자리를 지키고 따가운 햇볕을 가릴 만큼 충분한 나무 터널이 계속된다.

합수곡 기점으로 등산로가 두 갈래로 갈라진다.
이른 아침 시각인데도 땀이 계속 나기 시작한다.

계곡을 가로 지나는 구름다리도 가끔 나오고

본격적인 경사로 오르기 전 합수곡으로 내려와 녹아버린 초콜릿을 계곡물에 던져놓고 하나, 둘, 셋. 3초 기다렸다. 그랬더니 거짓말처럼 딱딱해진다. 전번 치악산 때 경험을 기억하고 은찬이 제안했다.

본격적으로 오르기 시작하는데 일직선으로 뻗은 전나무 숲들이 유난히 눈에 띈다.

❶ 날씨는 더워도 습도가 없어 그나마 나은데 산 벌레들이 귀 옆에서 자꾸 윙윙거려 한군데 오래 못 앉아 있겠다.

❷ 은찬이는 앞니가 2개째 빠져 바람 빠지는 소릴 자꾸 하는데도 오르막 중간 중간 장난도 해가며 신났다.

❸ 메뚜기도 한 마리 잡고 돌창처럼 생긴 돌들과 비교도 해가며 제법 진지하다.

3봉부터 가는 길에 있는 나무들.
바위틈에 또 바위를 붙들고 사는 위대한
생명력

3봉 쪽 가는 길.
1, 2, 3봉 모두 바위로 되어있어 미끄럽고 위험하여
철제 난간을 꼭 붙들고 2인 1조로 건너간다.

3봉 오르자마자 한 컷.

양쪽으로는 소양강과 홍천 방면을 볼 수 있고 산 전체 능선을 모두 바라볼 수 있는 2봉 정상 조망이 가장 좋다. 2봉에서 내려와서 1봉으로 돌아가는데 2봉 아래쪽에 산양 두 마리가 보였다.

산양 실물을 등산하면서 보기는 처음이다. 나도 신기한데 애들은 오죽할까?

"제 네들 어떻게 올라갔지?", "어떻게 내려오지?", "뭐 먹고 살지?"

쉴 틈 없이 쏟아진 온갖 질문들…

드디어 정상(1,051M). 옆 등산객에게 부탁하여 조작 없이 40번째 세리머니

봉우리를 내려와서 아래능선에 닿을 무렵, 석간수에 도착 하였다.
바위에서 물이 나오는 것도 신기하고 맨 끝에 나뭇잎으로 물길 받는 것도 신선하다.

석간수 앞의 넓은 바위위에다 비닐 돗자리를 깔고 막걸리, 김밥, 컵라면, 은찬이 좋아하는 짜장 범벅등을 먹으며 휴식. 열무김치를 한통 싸갔는데 막걸리에 먹으니 너무 맛있다.

석간수에서 출발 무렵 등산로를 알려 주는 표지판 앞

다시 능선을 따라 무쇠말재 쪽으로 편하게 이동

옛날 이곳에 큰 홍수가 났는
데 무쇠로 배 터를 만들고 배
들을 묶어 놓은 송씨와 그 누
이만 살아남았다는 전설이
전해진 무쇠말재 도착.

무쇠말재에서 합수곡 까지는
급경사여서 여러 번 미끄러
지면서 도착

기온이 높아져 갑작스런 소나기가 내리자 엉덩이에
깔던 깔개를 쓰고 주차장으로 냅다 뛰었다. 소나기
줄기가 두꺼워져 바로 집으로 출발하였다. 무섭게 쏟
아지더만 저녁 뉴스엔 홍천지역 우박소식도 들렸다.
큰 비 만나지 않고 돌아올 수 있어 다행 이였다.

구름다리 위에서 양쪽에 발 걸치려고 다리 찢기 놀이.
그러나, 아직 짧다..

경기 가평 화악산

해발 : 1423.7M | 2010년 7월 10일

장맛비가 주말마다 내리는 바람에 한 달 만에 산행에 나섰다. 7시쯤 출발했는데, 차가 막혀서 가평군 북면 관청리에서 9시쯤 산행을 시작했다.

화악산은 경기도 가평군 북면 끝자락에서 강원도와 경계를 이루며 높게 솟아 있는 경기도의 최고봉이다. 정상 주변은 군사지역으로 출입이 금지되어 있어 정상 서남쪽 1km거리에 있는 중봉이 화악산 정상을 대신한다. 정상 신선봉(1,468m)과 서쪽의 중봉(1,450m?), 동쪽의 응봉(1,436m)을 삼형제봉이라고 부른다.

운악산, 관악산, 송악산, 감악산과 함께 경기5악이라 하는데 송악산은 북한에 있어 갈 수 없으므로 오늘 화악산을 등반하면 경기5악 중 남쪽 산은 모두 정복하게 된다.

청정지역이라고 소문난 가평천 상류 관청리 마을이 산행의 출발지다.

들어가는 길을 헤메다 따로 주차장이 없어 마을 어귀에 주차를 하고 양해의 글과 연락처를 남겼다.

전날 비도 왔고, 사람들도 많이 안 다녀서인지 등산로 입구부터 뱀딸기와 개망초가 지천이다.

가마소라는 계곡 중간 커다란 소까지 풀숲을 지나는데 사람이 없어 조용해서 좋다

길을 찾지 못하고 지나쳐 계곡으로 바로 올라가게 되었다.

처음 만난 이정표. 관청리에서 중봉까지 총 5km남 았는데 급경사라 어려웠다. 벌써 더위에 지친 은찬이 는 오랫만의 산행에 짜증 부터 내고,,

뱀딸기들이 굉장히 많은데 실제로 먹지는 않았다. 알맹이가 단단하다.

여러 군데 소 물웅덩이들이 뛰어들고 싶을 만큼 깨끗 하고

첫 번째 공식 쉼터에서 오이와 과일 그리고 가지고 갔 던 막걸리 한잔씩 먹고 다시 출발. 오랫만의 산행에 많이 힘들고, 산을 잘 못 골랐다는 생각도 들었는데, 어찌하랴 온 걸, 가야지!!!

쉼터를 지나면서 거의 능선까지 급경사가 이어진다. 길은 별로 좋지는 않지만 새소리를 위안삼아 그냥 조용한 재미를 찾아야지.

❶ 이정표가 몇 개 없는 산이다. 오랫만에 나온 이정표에 너무 기쁜데 아직도 2.8km 남았다는 표지에 은찬이는 너무 힘들어 한다. 그래도 산을100개 가려면…

❷ 흐린 날씨가 대부분 이었지만 가끔씩 해가 보인다. 커다란 잎을 하나 딴 은찬이는 2km정도를 우산 대신 머리에 쓰면서 들고 다녔다.

❸ 무당개구리인가? 대부분이 등은 초록색 배는 빨간 개구리가 이 산에선 대세다.

등산로는 제대로 갖춰져 있진 않았고 정글 숲과 더불어 자꾸 길이 아닌것 같다는 생각에 돌아 나오기도 했다. 그러나 굵직한 전나무는 어느 산과 보다 멋졌다.

능선은 아직 멀었는데 힘은 딸리고 로프도 지그재그로 달려있어 더욱…

드디어 능선에 다달았다. 한쪽은 적목리인가 하는곳에서 올라오는 능선이고, 중간으로 치고 올라가는 것도 만만치 않았는데 이곳에서 두 명 정도 등산객들을 만났다.

능선에서는 잠시 길이 쉬어진다. 은찬이에게 이제부터는 쉽다고 거짓말도 좀 하고…

경기도에서 제일 높은 산이고. 중봉에 오르면 시야가 100km가 터져 어느 산이 어느 산인지 잘 모를 정도 많은 산을 조망을 할 수 있다는 인터넷 설명을 확인할 수 있을까? 또다시 경사가 이어진다.
큰 산은 깊은 골을 가졌고 나무들 우거진 것도 다른 산과는 확실히 차이가 난다.

은빈이는 이쁜 표정을 지으라하면 엽기표정을 자주 한다. 더 어렸을 때도 '엽기은빈' 이라고 했는데 그래도 동생 보다 불평도 적고 꾸준히 잘 올라간다. 엄마랑 손잡고 갈 때는 쉴 새 없이 떠드는 수다, 여자란,,, 은찬이는 가끔 모녀들보고 뭐 저렇게 할 말이 많지 한다. 그러나 떠들지 않으면 은빈이는 심심하단다..

멀리 정상은 군부대이고, 구름 가득한 화악산 능선 줄기들이 보인다. 갈림길이 나오고
애기봉 쪽으로 하산하려면, 중봉에 들렸다 이곳까지 다시 나와야 한다.

거위벌레 알집. 나뭇잎에 알을 낳고 돌돌 말아 요람
을 만든 기술이 놀랍다.
과학동화에서 사진으로만 보던 것을 은찬이가 용케
발견했다.

출발부터 중봉정상까지 거의 4시간 30분정도 걸렸
다. 100km의 조망이라 했던가? 구름과 흐린 날씨에
화악산 자체도 다 보이지가 않는다. 그래도 정상에는
몇몇 아저씨들이 계신다.

중봉 아래쪽에서 점심 식사를 했다. 컵라면 2개, 짜장
범벅 1개, 맨밥도시락에 김치와 깻잎 그리고 막걸리
한잔과 멸치. 맛이 없을 리 없는 만찬을 즐기고.

애기봉 쪽으로 하산 하는데 올라오던 길보다 훨씬 더 정글이다.
 길 한가운데 커다란 바위가 자리를 잡고 있어 돌아서도 가고,,,

몸에 휩싸이는 풀들을 팔에 쓸리면 아프니까 손도 들고 간다. 고생 정말 많았네~

내려오는 길이 워낙 험해서 사진도 제대로 못 찍고. 드디어 올라가다 쉬었던 가마소 근처에서
세수하고, 등목도하고.

계곡으로 오던 길로 갈 걸,,, 괜히 산악회 리본 따라 정글 길로 하산했다. 조금만 더 조금만 더 하다가 돌아 올라가지도 못하고 계속 이런 산길로…

드디어 다 내려왔다. 총 8시간 정도의 산행이었고 오랫만의 산행이고 높은산이라 만만치 않은 다리의 쥐 내림등 후유증이 대단했다. 역시 큰 산. 멋있는 산. 쉽게 가지 못할 산을 또 한군데 정복했다는 기쁨은 말 할 수 없이 크다.

서울 노원구 불암산

해발 : 582M | 2010년 7월 25일

새벽에 내린 비로 갈팡질팡하다 늦은 아침을 먹고 전철을 통한 근접성으로 인해 인기가 많은 불암산으로 출발했다.

상계역에서 올라가 당고개역으로 내려올 예정이다.

전철을 타고 상계역에서 내려 재현중고교 앞에서 왼쪽 골목으로 나오니 주차장도 있고 등산로 초입이 보인다.

오후 1시가 넘어서 한낮 열기 때문에 등산 시작 전부터 땀이 흐른다. 얼음물을 손에 들고 더위를 식히며 등산로로 향했다.

청암약수터 쪽으로 계곡을 건너~

불암산 정상까지 2.4km.

지난번 화악산 정상까지 5km를 걸었더니 불암산 정상까지 2.4km는 놀랍지도 않다.

은빈이 은찬이는 이제 능숙하게 암벽을 오른다. 오히려 지리한 오르막길보다 아슬아슬한 암반 코스가 나오면 더 즐거워하고 힘들단 소리도 없다.

특이하게 불룩 튀어나온 바위에서 포즈를 취하랬더니 아이들이 더위 땜에 시큰둥~

과자 한봉지에 행복해진 아이들. 역시 아이들이야~ (맨 왼쪽)

아빠는 바위틈으로 흐르는 계곡물로 세수하며 더위를 식히고...(가운데)

이제 불암산 정상까지 1.2km남았다.(맨 오른쪽)

정상이 눈앞에 보이자 신이 나서 올라간다.

정상으로 향하는 계단. 힘들었던 화악산 다음 산행이라 그런지 그리 힘들지 않게 올랐다.

인왕산 기차바위를 생각하며 찰칵~

쥐 바위라는 이름처럼 커다란 앞니 두개를 내민 쥐 모양의 바위가 재밌다.
507m 불암산 정상. 태극기가 휘날리는 정상은 아슬아슬한 바위 꼭대기여서 엄만 목숨 걸고 사진을 찍었단다.~^^

아주머니 몇 분은 절벽을 못 내려가 쩔쩔매며 한참을 걸려 내려갔는데, 우리 아이들은 너무 쉽게 내려간다.

아점을 먹고 출발했기 때문에 점심은 준비하지 않고 아이들 간식과 우리 마실 막걸리만 챙겨왔다.
정상도 밟았으니 그늘에 앉아 싸온 간식을 먹고 막걸리를 한잔씩 했다.
이제 하산 시작~ 갈림길에서 폭포 약수터 쪽으로 하산. 당고개역으로 갈 예정이다.

폭포약수터에서 당고개역으로 내려와 전철을 타고 귀가했다. 하산한 시간이 5시니까 4시간 가량 산행을 했다. 집 근처 갈비집에서 체력을 보충하고 다음 주 휴가를 떠날 월출산을 기대하며~ 파이팅!

전남 영암 월출산

해발 : 809M | 2010년 7월 31일

기다리고 기다리던 여름휴가 첫날부터 전라남도 영암에 있는 월출산 국립공원으로 향했다. 아침 6시 15분에 집을 나섰지만, 휴가를 떠나는 사람이 많던 탓인지 서해안고속도로가 진입부터 막혀서 평택까지 2시간정도 걸리면서 영암 월출산에 도착한 것은 집을 나선지 6시간 정도지난 12시 30분경이었다.

월출산 진입로에서
영암에서 내려오다 보면 눈앞에 월출산이다 싶은 바위 명산이 나타난다. 정상부는 구름에 쌓여있고,

도착하자마자 주차장에서 점심을 먹는다. 애들은 자느라고 아빠만 주먹밥을 먹었다. 거의 아무것도 먹지 않고 나주시를 지날 무렵 일어나서 차안이 떠나가도록 떠들었다.

점심 먹고 바로 출발 입구 표지석에서 인증샷을 찍고 탐방로 확인 후 GO GO.

야영장까지 4~5백m는 아스팔트길로 들어서다가 등산로가 시작된다. 국립공원이라 표지판등이 잘되어 있다. 비가 와서 그런지 습기가 유난히 많은 날이었다. 햇볕은 뜨겁지만 시원한 숲속에서 계곡을 따라 계속 올라갔다.

은빈이가 어제부터 아프기 시작(꼭 휴가 때면 아프던데.)했는데, 조금 전 먹었던 점심을 등산로 입구에서 다 토해 냈다. 장염 약도 먹였는데 열은 줄었지만, 속이 계속 안 좋은가 보다. 입구에서 올라가기 힘들면 밑에서만 시원하게 놀다가자고 했는데 어떻게 안 올라가냐고 집념을 보여 일단 출발은 했지만 많이 힘들어해서 걱정도 많이 했고, 시간도 많이 걸렸다. 등산로 진입부터 정상까지는 3.1km인데 몸이 힘들어서여서인지 자주 쉬었는데도 유난히 힘든 산행이었다,

1.8Km정도 올라 바람폭포가 나타났다. 아저씨 한분이 폭포세례를 받고 있어 따라 들어가 팬티까지 몽땅 젖였지만 엄청 시원했다. 애들한테도 폭포물을 맞아 보랬더니 엄두가 나질 않는 모양이다. 바보 같이 신발을 벗지 않고 그냥 들어가 산행 중 계속해서 발에서는 소리가 나고 퉁퉁 불어 곤혹스러웠다.

반대편 능선에는 월출산 명물구름다리가 보인다. 구름다리가 보이는 능선으로 내려오리라 생각했는데 실제론 바위산을 이리 저리 돌아 내려오게 되어있었다.

벼랑 끝에 아슬아슬하게 놓인 책바위~
계곡이 깊어 산속에 갇힌 느낌으로 계속 올라간다.

육형제봉에 도착하여 한 컷,
쉽지 않은 산인데 오늘 은찬이는 누나가 아파서인지 정말 신기하리만큼 아무 투정없이 먼저 올라간다.
가끔은 어른스럽기도 하다.

계곡 끝에서 능선에 올라서 한 장 찍고.
이곳 전망도 참 좋았다.

뾰족뾰족한 바위가 공룡비늘처럼 날카롭다.

바위산배경도, 아래보이는 저수지도 멋있다.
사방팔방 환한 조망이 좋다.

찬바람이 시원하게 부는 통천문. 하늘과 만난다는 곳이다. 정상 300M 정도 전에 있었다. 지나고 나면 급경사 내리막이 나온다. 어떻게 올라왔는데, 다시 이렇게 내려가면 또 올라가야 될테고. 쩝…

정상도착 사방팔방이 비온 뒤에 깨끗한 하늘 같이 눈 앞에 맑게 펼쳐진다. 아래에서 출발하기 전에는 정상부에 먹구름이 있어서 조망이 어려울 것으로 생각했는데 햇빛이 뜨겁다.

정상에서 간식을 먹고 하산하기 시작. 통천문을 다시 지나 구름다리쪽으로 내려가는데 1박2일 이수근 이 왜 월출산에서 '오르막 길 내리막길' 노래를 만들어서 했는지 알 것 같다.
먼 놈의 길이 오르막 내리막 반복되어 바위산을 돌았다 올랐다 한다. 정말 등산로를 뚫기 힘 들었을것 같다.

구름다리가 아래로 보이는 봉우리 위로 지나갈 무렵.
양옆은 절벽이고 봉우리 위 물고인 곳에는 올챙이들이 바글바글…

애들은 두려움도 없이 구름다리 위를 지난다.
정말 튼튼한 구름다리다.

동영상

천황사로 내려왔다. 월출산에 있는 큰절인줄 알았는데 건물공사중이고 큰 규모가 아닌 조용한 절이다. 거의 7시 30분에 하산했다. 가족 모두 컨디션이 안 좋아서 천천히 걷고 자주 쉬었다. 오르막길 내리막길로 자주 있었던 2백m 표지판을 볼 때마다,, 한 5백m는 온 듯한 느낌을 받는 산행이었다. 그래도 사고 없이 43번째 국립공원 월출산 산행을 완수했다. 잘 견뎌 준 은빈이가 대견하다. 목포 고모집까지 한 시간 정도 걸렸다. 목포에서 2박을 한 후 해남 땅 끝 마을에 가서 노는 것이 이번 휴가 계획이다

전남 해남 두륜산

해발 : 638M | 2010년 8월 4일

산림청 홈페이지에서 추천한 길은 대흥사로 올라가 케이블카를 타고 내려오는 코스이다. (케이블카를 안타면 1시간) 그런데 월출산가서 다리도 안 풀리고 해수욕장에서 너무 열심히 놀아 올라갈 때 케이블카를 타자는 은찬이의 강력한 주장에 케이블카 주차장에 차를 세우고 배낭을 준비하여 등산화로 신고 가자! 했는데 케이블카 목적지 등산로가 폐쇄란다. 자연보호 목적이라는데 왕복요금 받아먹으려고 일부러 막았다는 생각이 강하게 든다. 더구나 배낭도 못 매고 올라간단다, 은찬이에게 케이블카 태워준다고 약속 했는데…

어른 8천원, 초등생 6천원 비싸기도 하다.
산이 구름에 가려 전망이 없다며 타기 전 환불할 분은 환불하시란다.
그래도 애들에겐 케이블카 타는 기대와 재미가 있어 타고 올라가는데 바로 앞과 아래는 아찔하게 보인다. 기대를 해서일까? 우리나라에서 제일 길다는 케이블카라는데 생각보다 짧다.

온통 구름에 쌓여 전망은 없다.

그 높은 곳에 전망대 겸 해남 관광 홍보관이 있고, 에어컨은 빵빵하게 나오네요. 나오기 싫을 정도…

홍보관 옆쪽으로 길 마지막에 또 다른 전망대가 있네요.

고계봉638m정상 표지석이 있고, 두륜산 정상은 가련봉(703m)인데,,,,

전망대 옆 출입금지 표지앞에서
가련봉을 가고싶은 아이들이 아쉬워 하며 은찬인 담 넘어가자는 의견까지 냈는데 몰래 들어가면 5년 이하 감옥이라는 소리에 조용해지고,,

천천히 내려 간다.

1박2일팀이 들렸던 곳으로 기억 되는 전망대에서 한 장

케이블카 정상 쪽 앞에서. 은빈이는 그냥 내려가자는 말에 입이 댓 발 나왔고,,

내려와서 대흥사쪽으로 차를 옮겨두고 대흥사 관광을 하는데, 햇볕이 너무 뜨겁다.
1박2일 촬영지 유선관 앞에서 한 장씩을 찍고, 안에는 별거 없다.

약숫물 한잔씩,, 언제 부터인가 은찬이는 약숫물 마시는것을 좋아한다.

대흥사 일주문 앞에서,, 공사중인 건물이나 환경조성이 많네..
 유명하기도 하고 꽤 큰절이다. 꼭 들려보고 싶었던 절이기도 하다.

보통 천왕문으로 들어서면 사천왕상이 있는데, 이곳은 사천왕상이 아닌 여자같이 생긴 관세음보살(?)이 있고 탱화가 보인다. 부도탑들도 큰 것 들이 많다.

보통은 연리지(가지)가 많은데 대웅전 앞쪽에는 연리근(뿌리) 이라고 불리우는 나무가 있다.

대웅전 앞 마당쪽

대웅전 앞에서. 난 절에 가면 바싹 말라있는 기둥을 많이 만져봤다. 우리나라 절들은 기와와 건축물의 곡선들이 뒷배경인 산하고 너무 잘 어울려 정말 아름답다고 생각했다.

산신각 옆 삼층석탑(보물)

곡선으로 이어진 천불전 입구의 문턱.
이런 모양 처음보네.

대웅전에서 걸어서 천불전으로 이동
천개 불상의 얼굴이나 형태가 다 틀리다는데 헷갈리네…
대흥사 우측 뒷쪽으로 서산대사를 모시고 있는 표충사가 있다.

표충사 앞 마당 소나무 드리워진 연못

뜨거운 날씨에 시간이 지체되서 다시 두륜산 정상으로 가질 못하고, 주차장 옆 계곡에서

늦은 점심을 먹고 오후 5시경 출발하여 집에는 거의 11시경 도착했다.

여름방학 + 아빠휴가여행은 이것으로 마무리.

경기 광주 태화산

해발 : 644M | 2010년 8월 6일

해남에서 돌아와서 하루를 아무 생각 없이 쉬었다. 엄마는 목포를 갔는데도 유달산 못 간 것을 못내 아쉬워하며 한군데 더 가자는 의견에 OK. 휴가철이라 멀리 가는 것은 차 막힐까 두려워 경기도에서 배포한 경기명산 27선산 중에서 고르다가 곤지암cc근처 제일 높은 산 태화 산에 가기로 하고, 아침 7시 30분경 출발했다. 신갈 에서 마성까지 일부 막히기도 했지만 집에서 1시간만에 도착할 수 있었다.

입구에서 한장. 정상까지는 1.9km란다. 2코스로 올라가서, 1코스로 내려오기로 합의 하고, 도시락은 차에 두고 막걸리와 물, 수박 오이, 과자 등을 가지고 올라간다.

병풍바위와 삼지송으로 길이 갈라 지는 곳 까지는 무난한 길이 계속되고

비 온 뒤라 산 벌레들이 계속 머리 곁을 윙윙댄다. 가운데는 병풍바위 위에서

정상 400미터 전 전망 좋은 곳에 탁자가 놓여있다. 막걸리 한잔 먹고, 아이들은 오이와 수박을 먹었다.
중간에 비가 오기 시작한다.

비가 마구마구 내리기 시작한다. 우비를 입고.
철탑 통신탑 뒷 쪽에 정상이 있다.

마지막 경사를 힘겹게 올라가는 아이들

드디어 정상(644m). 비를 맞으며 올라와서 더욱 뿌듯하고 비 맞으면서 정상에서 사진을 찍는 것은 처음인 것 같다.

정상옆에 정자가 있다. 일단 비를 피하는데 빗줄기가 굵어진다. 소나기야 금방 그칠거야. 하면서 애들에게 얘기해 보지만, 비는 계속해서 내리고,,

동영상

비를 맞으며 출발. 미끄러워서 조심조심..

서서히 비가 그치고,,

은빈이 표정이 재미있고, 우비를 둘러쓴 은찬이는 펩시 맨 같다.

이름그대로 3줄기로 뻗은 소나무. 삼지송 앞에서

한참을 내려온 갈림길에서 은찬이는 웃통을 벗고 몸을 씻는다. 남자 맞네, 볼 것 없는 몸.

동영상

다 내려와서 주차장 조금 올라간 계곡에서 점심을 먹는다. 여름에 계곡에서 발 담그고 밥 먹는 것이 산을 찾는 또 하나의 매력이다.

강원 춘천 삼악산

해발 : 654M | 2010년 8월 21일

7시에 출발. 오늘은 삼악산을 등반하기로 했다. 날씨는 한 여름 무덥다. 아침 일찍 출발하는데도, 토요일 휴가를 떠나는 사람들로 인해 차가 막혔고, 돌아오는 길 반대편 도로는 강원도로 넘어오는 차량으로 지체되어 서행을 반복하고 있다.

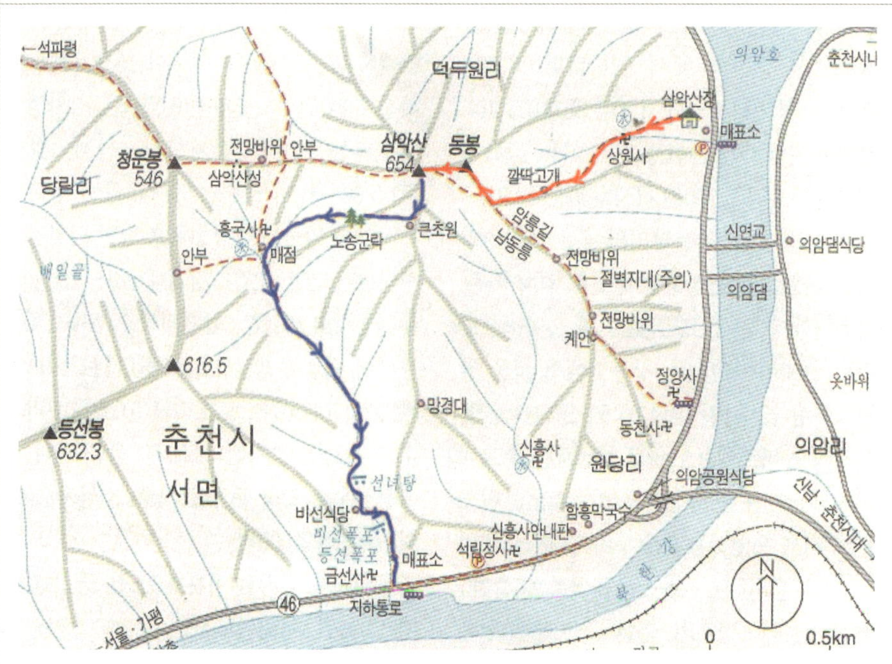

오늘 등산코스는 상원사를 구경하고, 등선폭포 쪽으로 내려오는 코스다.

의암댐 앞 매표소에 가족들은 아침을 먹는 동안, 아빠는 등선폭포매표소 주차장에 차를 주차시키고, 자전거를 타고 다시 의암댐 앞까지 와서 자전거를 안내판 기둥에 메어두고, 출발하였다. 매표소부터 산행 시작이다.

삼악산장 올라가는 길.
근데 처음부터 가파르게 시작하는 등산로는 평탄한 길이 없다.

계단을 올라간다. 저 뒤로 북한강 의암호가 보인다. 의암호를 끼고 올라가는 풍경이 온몸의 난 땀을 수고를 잊게 해준다.

소나무숲도있구나~
그사이로 통과.
이쪽은 소나무가 굉장히 많다.
소나무와 바위들이 어울려 동양화
한 폭을 만들어 내고 있다.

은찬이와 아빠 나는 먼저 올라가 있다.
상원사가 거의 다와 간다. 옆으로 흐르는 물줄기는 맑고 스님의 염불소리가 아침 녁 스피커를 통해 조용히 울려 퍼진다.

조그맣고, 조용한 절 상원사다. 안에는 스님들이 불경을 외우고 있다.

(은빈)은찬이는 깔딱! 표정을 지어보이며 고개를 표지판 위에 올려놓고 있다. 나는 정상을 가리키고 있다.
(아빠)처음부터 계속오르막을 타고 , 날씨도 더워 막걸리 한잔 하고 다시출발..
열무김치에 얼린 막걸리는 너무 맛있다. 애들은 키위와 과자를 하나씩 먹고,,

최대 어려운 코스라고 했지만 그렇게 어렵지는 않은 것 같다. 상원사에서 깔딱고개 그리고 정상까지 계속해서 바위들 사이로 올라가야 한다.

돌코스 . 삼악산의 '악' 바위 악이 생각난다. 높이가 654m여서 조금 쉬우려니 생각하고 출발했는데 , '악'자는 괜히 들어간 것이 아닌 것 같다.'악'자 들어간 산치고 쉬운 산이 없다더니 온통 바위에 계속 오름길, 더운 여름 기온까지 삼박자 제대로 갖췄다.

어떻게 나무가 이렇게 휘지? 'U'자로 자라고 있는 소나무위에서 애들을 올려놓고 찰칵

경치 좋은데~~ 은찬이 뒷 모습.

왼쪽에 보이는 납작한 섬이 춘천에서 유명한 붕어섬이다. 애들이 꼬리가 없단다.
그러고보니~ 이렇게 위에서 보는 것은 처음이라

아휴~더워~ 힘들당~ 고도는 점점 높아지고 정상이라고 보이는 곳까지 올라온 것 같은데 길이 좀 멀다.

열심히오르자 끄응~ 날이 더워서 그런지 많이 올라 온 것 같은데도 이 정표가 알려주는 거리는 별로 줄어 들지 않는다. 0.48km남았다.

정상이 멀지않았다. 강촌쪽, 의암호 쪽 까지 전부 보였다. 정상 근처 바위인데, 조망이 참 좋았다.

야호~ 드디어 정상이닷~
용화봉(654m) .
산악회 한두 팀이 정상근처에서 진을 치고 계신다.정상근처는 북쪽방향이 조망이 되는데 시야가 넓지는 않았다.

여기 이름이 초원이란다. 정상아래 그늘에서 시원하게 점심을 먹고 출발. 급경사를 조금 내려왔더니 소나무들이 군데군데 있고 큰 초원이라고 이름 부쳐진 넓은 산속공원이 나온다.

작은 초원을 지나서 한참을 내려왔다. 흥국사. 계곡이 시작되고 물이 모이기 시작한다.

흥국사에서 500m정도 내려와서 계곡에 발을 담갔다.
어흐~ 시원해 맘 같아선는 계곡물에 뛰어들고 싶은데 차마,,

경치는 이렇게 좋은데 내 표정은 왜 이렇지?
우린 해골폭포라고 이름 지었지만 실제 이름은 선녀탕이다.

등선폭포

비선폭포

거의다가 아니고~ 다왔다!!!!! 야호! 정복 ! 46번째 산!

전북 완주 대둔산

해발 : 879M | 2010년 8월 28일

황금 같은 주말에 비가 온다는 예보 때문에 이번 주 산행을 포기했다. 그런데 금요일 예보에는 토요일 오전엔 구름 많고 오후에 비가 온다고 해서 산행을 강행하기로 했다. 새벽에 출발해서 가는 내내 비가 왔다 그쳤다를 반복하더니 완주에 다다를 즈음부터는 아예 비바람이 불었다.

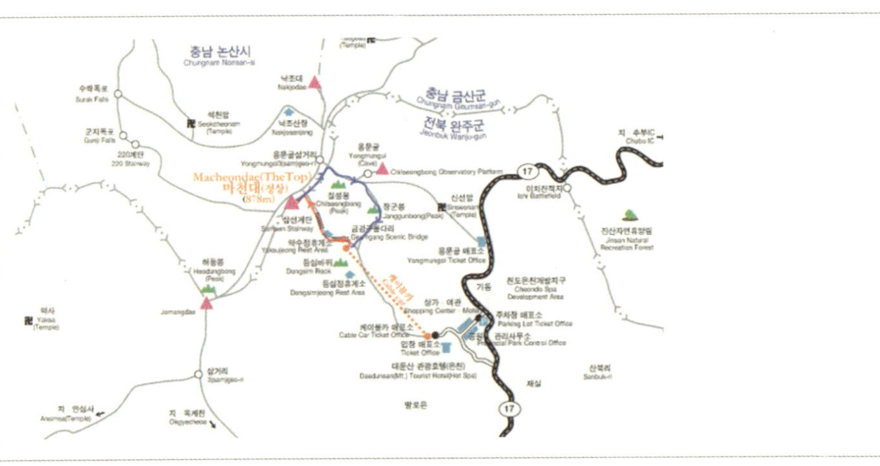

여기까지 왔으니 비가 많이 오면 케이블카만 타고 내려오자 했는데, 바람과 섞여 내린 비는 양이 많지 않아 그럭저럭 올라 갈만 했다.

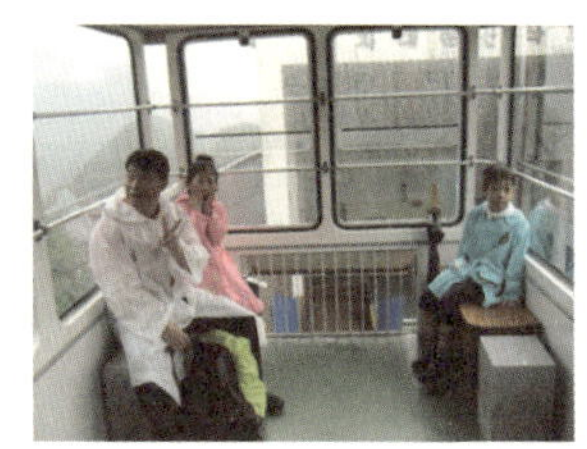 

정상은 온통구름뿐 케이블카에 빗물이 부딪치고 조금은 흔들흔들.

바람 때문에 우산 쓰고는 못 가겠고 답답하지만 우비를 머리까지 눌러 쓰고서 올라가기 시작.

금강 구름다리가 보인다.

구름다리 위에서. 은찬이 머리가 잡고 있어야 할 난간 높이와 같아서 안아 보았다. 바람이 쌩쌩..

금강 구름다리를 건너가는 모습.
아래는 엄마가 안 찍었네. 무서웠나봐.

한참을 올라갔는데 쉼터가 있다. 찌그러진 주전자가 매달려 있는 모습이 막걸리를 파는 것 같은데...

쉼터 위 정자에서 잠시 비를 피하며 초콜릿 과자등을 먹었다. 은찬이는 엉덩이를 엉거주춤 앉아 있는 게 편하다고 한다. 항상 불쌍하게 저렇게 앉는 것 같다. 몸속에서는 땀이 나고 겉은 빗물로 범벅이고..

올라가기 시작. 바람이 쌩쌩 불어서 뒤를 쳐다보기가 무서웠다. 은찬이, 엄마, 은빈이, 아빠 순으로 출발! 한발 한발 잘 딛고 갑시다.

삼선계단 바로 아래에서. 경사가 몇도라고 했는데~

다 올라가서 뒤돌아본 삼선계단.
새삼 아찔아찔 구토증세가...

온통바위다.
경사가 아주 급한 길로 계속 올라가는데..

내려오는 길에서는 햇볕이 나기 시작한다.
더워서 우비를 벗고,,

드디어 정상. 바람과 구름이 얼굴을 때리고 넘어간
다. 우비의 팔락거리는 소리도 유난히 쎄고,,

아까 쉬었던 정자 앞에서 다시 한 컷.
다른 산 온 것 같은 느낌.

주차장 까지는 1.2km, 케이블카 까지는 100m 길이
갈라지고 거의 다 내려왔네, 원래 계획은 편도 였는
데 비가 계속 올 것 같아 왕복표를 끊었다.

케이블카 건물위에는
조망대가 있고,

조망대 앞에서 본 장군바위,

먼 산 보라고 놓여 있는 망원경, 밑에 500원 넣는 구멍이 있는데, 넣치 않아도 보인다.
은찬이는 우리차를 찾는다고 주차장 쪽을 본다.

멀리 금강구름다리와 삼선계단이 보이고, 왼쪽아래가 동심 바위

다 내려왔다, 주차장에 돗자리 깔고 점심식사, 이중구조의 주차장이 아랫 쪽 그늘에서 맛있게 냠냠. 다시비가 내리기 시작하고 바람도 불다. 7호 태풍 곤파스가 오기 전 열대성 저기압이라는데 바람이 무척 강했다. 빗속에 올라가는 산행도 특별한 재미가 있는 것 같다.

동영상

경기 안양 삼성산

해발 : 477M | 2010년 9월 10일

추석 연휴에 두 군데 산에 가기로 하고 첫 번째로 토요일 날 가려 했지만, 애들과 도자기 체험이 선약되어 있어 일요일로 일정을 잡았다. 오후에 비가 내린다고 해 가까워 아껴 둔 삼성산으로 정하고, 오전에 아침밥을 먹고 출발을 했다, 집을 나설 때 까지는 괜찮았는데 산행 출발점 관악역 도착하니 비가오기 시작한다.

관악역으로 올라가서 서울대쪽으로 내려오려고 계획을 했다. 그런데 비가오기 시작한다.
갈 때까지 가보자.

관악역 앞에서 우비를 입고, 김밥 4줄 사서 담고 있는데 폭우가 쏟아진다. 길을 건너서 앞에 가던 등산객 따라 도로를 걷는다.

안양으로 넘어가는 고가도로 전 왼쪽으로 예술공원이고 도로 중간에 올라가는 길이 나온다.
산행시작, 오늘 고생이 많겠군.

산을 하나 넘어왔나? 간단한 운동기구가 있고…

비도 잠시 쉬어가고 등산로도 좀 편한 길로 이어진다.

얼마 전 지나간 태풍 곤파스의 영향으로 곳곳에 쓰러지고 부러진 나무들이 많다. 그래도 시에서 작업을 좀 했는지 넘어진 나무들을 잘라서 치워 놓은 곳도 이곳저곳 보인다.

길지는 않았지만 등산로 중간에 시멘트로 계단을 만들어 놓은 곳도 있다.

한참을 왔고 밑에 전망대도 보여서 뒤에 보이는 봉우리가 정상인줄 알았다. 실제 올라가보니 그곳은 학우봉이라는 제 2전망대다.

제 2전망대 한 300m 못가서 데크 쉼터가 있다.
전망이 좋아 사진을 찍는데 바람이 불어서 오래 못 있고 이동,

제 2전망대로 올라가는 근처 마지막에 철 계단을 잘 만들어 놓았다. 온통 바위여서 더 신경쓴 것 같다.

제2전망대 위에서. 다시 비가 세차게 쏟아진다. 밥 먹기를 잘했다는 생각이 든다. 여기서 부터 내린 비는 다 내려 올 때까지 그치질 않았다.

지도상 삼거리로 표기된 지점에서 우리는 정상으로 가기위해 능선 쉼터 쪽으로 직진 한다.
비는 점점 세지고, 번개 천둥도 치기 시작한다. 얼마 전 낙뢰사고도 생각이 나고…

능선쉼터에서 도저히 더 간다는 것은 무리라는 생각이 들어, 명상의 숲 쪽으로 하산하기로 한다.

내려오는 도중에 은찬이가 엄마에게 "정상을 못 갔는데 이것도 간 걸로 칠거야?" 하고 물어봤단다.

항상 정상을 목표로 다니다 보니 이렇게 내려가는 것이 아까운 모양인가 보다. 아빠하고 마음이 똑같다.

엄마는 "천재지변이라서 이것도 산행으로 할거니까, 걱정마." 해줬단다.

아무튼~ 아빠 손을 잡고 내려온 은빈이도 똑같이 물었다는데, 애들 생각이 비슷하다.

동영상

거의 다 내려와서 약수터 지점에서 다시 한 장

예술공원 쪽으로 계속해서 내려갔다. 마지막 사진은 관악역 앞에서 우비를 정리하고 과자를 먹는 모습.

오늘도 꽤 많은 거리를 걸었다. 우중 산행은 온통 젖어서 몸도 무겁고 두 배 더 힘든 것 같다.

정상까지는 못 갔지만, 무리하지 않고 내려온 것도 만족스럽다. 온통 비로 쫄딱 젖은 48번째 산행이었다.

경기 양평 용문산

해발 : 1,157M | 2010년 9월 24일

추석까지는 비를 뿌리며 흐리더니 다음날은 성묘를 하고나서도 날씨가 너무 좋아 금요일 산행을 하기로 했다. 용문산은 1,157m로 화악산 이후로 크고 깊은 산이다. 아침 6시 50분에 출발하여 주차장 도착은 8시 40분, 관광단지내 식당에서 산채 비빔밥을 도시락으로 주문해서 싸가지고 산행을 시작한다. 9시경부터 산행을 시작했다.

오늘은 계곡길로 해서 능선길로 돌아오는 코스로 잡았다.
안내도에는 계곡길 3시간 10분, 능선길 2시간 50분으로 표시되어 있다. 우리집 산악회 8시간은 걸리겠군.

출발하기 전 주차장에서 몸을 풀고.
제법, 은찬이 자세가 나오는데~

본격적인 가을이 온 것같은 느낌이다. 산행 내내 은찬이는 잠자리 열 마리 정도를 잡았다,
놓아주며 쫓아 다닌다.

공기와 하늘은 청명하고 관광단지를 지나오면 용문사 일주문이 나온다.
용문사로 올라가는 길 옆 계곡과 도랑을 만들어져 있다.

용문사 도착.

1,100년의 수령이 추정되는 은행나무의 포스를
느끼며 그 기운을 받기 위해 팔을 벌리기도 하고,

계단을 올라가니 용문사 대웅전이 보인다.
대웅전 앞에 있는 삼층석탑과 은행나무, 위상이 상당
히 센 느낌이 든다.

사람들 놀랠까봐 치지는 않고, 범종
에 손을 대보고.

계곡을 따라 계속되는 소와 시원스런 물줄기들.

그늘에서는 시원하고 햇볕에서는 뜨거운 전형적인 가을 날씨… 좋다.

멋있는 다리위에서 포즈도 취해보고 ~계곡길에는 다리가 많다.
계곡길에서 능선으로 올라가는 급경사 시작점에 마당바위가 있다. 높이 2m에 둘레가 십 몇m라고 했는데,

마당바위 위에시 막걸리 한잔과 깍아온 배를 먹고 힘을 추스린다.

용문사 일주문부터 정상까지 3.2km
였는데, 마당바위 부터 정상까지는
1.55km다. 100m 단위로 표지판이
있어서 심심하지 않고,

길이 순 바위 너덜길
이었다가 경사가 급
해지니 철 계단도 나
온다.
날씨는 맑고 로프길
도 나와서 암릉타기
를 하고, 바위가 미끄
럽지 않아서 편하다.

한참을 올라와서 조망이 터지기 시작한 바위위에
서 남쪽을 바라본다.
바로 밑은 낭떠러지, 조심스럽게 끝으로.

정상 110m 전 , 은찬이가
1등으로 올라가겠다고 혼
자서 속도를 낸다.
다리에 힘이 풀리고 후들
거린다.

하늘의 구름모양이 코끼리 닮았다고 은빈이가 코끼리 구름이라 불렀다.

정상이 보이고, 정상 태극기옆에 은찬이가 먼저 올라가서 빨리 올라오라고 소리친다.

드디어 정상. 1,157m 가섭봉 49번째 산행의 정상에 도착…
사방팔방 조망이 터진다.
맑은 날씨에 경치가 그만이다.

북한산성 위로 엄청난 크기의 바위를 기어오르는 암벽등반을 해야 했다.
아이들이 떨어질라 노심초사하며 오르느라 다음 날까지 온몸이 쑤셨다.

망원경이 있어서 은찬이를 치켜 올려 구경시켜주고, 100m 정도를 내려와서 도시락으로 싸간 곤드레 나물
이 들어간 산채비빔밥을 먹는다. 꿀맛이다.

내려가는 길은 경사도 급한 능선길이다.
다리가 풀려서 몇 번을 쉬면서 천천히 내
려왔다.

다시 은행나무 앞까지 왔다.
4시 30분경인데, 용문사까지 구경 온 사람들이 많다.

용문사에서 일주문옆에 길이 나있는
산책로로 내려왔다.

다 내려와서 이것저것 구경하고 매표소 앞에서 기분 좋게 한 장.

5시가 다되었다. 9시경 출발했는데 총 8시간 정도의 여행이었고, 맑은 날씨와 기분 좋은 깨끗한 공기와 힘께한 즐거운 산행이었다. 용문산도 큰 산이어서 계곡이 깊고, 능선도 길다.

나무들도 우거져 역시 명산이라는 느낌이 들었다.49번째 산행 성공!!!!!!,, 다음은 ??

제주특별자치도 한라산

해발 : 1,950M | 2010년 10월 9일

이틀 전 제주도에 도착하자마자 한라산에 오르려고 했다. 그러나 아침 안개 때문에 비행기가 예정시간보다 늦게 이륙했다. 제주도에 도착해 렌터카를 찾고 한라산 성판악에 도착하니 아침 10시가 넘어갔다. 등산을 시작하려는데 안내소에서 막는다. 아침 9시 이전까지는 올라가서 12시30분까지 진달래밭 대피소에 도착할 수 있고 그래야 백록담까지 등산이 가능하다는 거다. 크~윽 ㅠㅠ. 할 수 없이 일정을 바꿔 먼저 제주도 관광을 하기로 했다. 제주도에서 이틀을 보내며 기다린 한라산을 오르는 날 아침. 어제 비가 와서 날씨 걱정이 많았는데 한라산 성판악으로 향하는 차안에서 맑은 하늘을 볼 수 있어 얼마나 다행스럽고 고맙던지.

우리가 오를 한라산을 차창 밖으로 바라보며 은빈, 은찬이와 각오를 다졌다. 해발 1,950m. 우리나라에서 가장 높은 산을 오르는 만큼 힘이 많이 들겠지만 서로 끌어주고 응원하며 씩씩하게 다녀오자고. 아~자!!

이른시간임에도 한라산 성판악 주차장은 이미 만차였고 도로변에 차량들이 줄지어 주차되어 있었다.

우리도 할 수 없이 도로변에 주차하고 아빠는 매점에 김밥을 사러갔다.

아침 7시40분. 쌀쌀한 아침 공기를 가르며 한라산을 오르기 시작했다.

등산로는 초입부터 잘 정비되어 있고 경사가 완만해서 오르기 쉬웠다. 숲은 깊고 갖가지 크기와 모양의 식물들이 조화로워서 마치 분재를 해놓은 것처럼 보기 좋았다.

땀이 나기 시작하면서 옷을 하나씩 벗었다. 숲 사이로 들어오는 햇빛이 싱그럽다.

5km 정도 왔을까? 약수터가 있다. 비가 계속 온 뒤라 물이 아주 콸콸 나오고 있다. 이곳이 물을 가지고 갈 수 있는 처음이자 마지막 약수터란다.

계속해서 이어지는 오르막길이 이젠 지루하게 여겨진다. 진달래밭 대피소까지는 7.3km. 어지간한 산하나 왕복할 거리여서 그런지 숲이 너무 길다.
한라산 자체가 커서 그렇겠지?! 날씨가 맑아서 다행이지. 비라도 왔으면 무지하게 힘든 산행이 될 뻔했다.

드디어 시야가 터지면서 숲이 없어진다. 진달래밭 대피소에 도착.
따가운 햇빛에 눈이 부신다.
하늘은 너무나 예쁜 색을 하고 우리 가족의 50번째 산행을 축하해주고.

화장실도 다녀오고 막걸리와 김밥 그리고 과자를 먹으며 힘을 충전 한다.

다시 출발. 목재 데크도 잘해 놓았고 진달래밭 대피소 이후로는 경사가 제법 급해진다.
다리도 아픈데 점점 어려워지는 산행, 주변을 둘러보면서 천천히.

은빈, 은찬이도 지친것 같은데 계속 잘도 올라간다.

내려오는 사람도 보이기 시작하고, 마주 보며 인사도 나눈다. 어른들은 은빈이와, 은찬이에게 대단하다며 격려해주고 은빈이는 "안녕하세요?" 하고 예쁘게 인사도 한다.
은찬이도 하기는 하는데 항상 모기소리 만하다 .

고산지대 주목과 구상나무들이 보이고, 점점 나무들의 높이가 낮아진다.

또다시 나타난 목재 데크. 이곳이 한라산 인것을 입증이라도 하듯 온통 현무암으로 이뤄진 바윗덩어리들

정상이 빤히 보이는데 8백미터가 남았다는 표지판이 나오고 다리가 풀리기 시작 한다.
쉬엄쉬엄 천천히 전진! 또 전진!

성판악 오르기 시작하면서 해발 800m 표지판이 보이는데 성판악 주차장이 700m대인것 같다. 수직으로는 1km를 조금 넘는 거리를 올라왔군. 물론 못 본 표지도 있지만 해발 100m가 올라갈 때마다 표지석이 있다.

높이 오른 구름도 발아래 놓이고 멀리 바다도 보이고 지구가 둥글다는 것도 느끼게 되고 참, 장관이다.

은빈이를 찍은 것인지? 구름을 찍은 것인지? 구름이 더 멋있다.

거의 다 온 것 같은 정상은 어느 산이 다 그렇듯 쉽게 나타나질 않는다.

마치 비행기 위에서 보는 듯 한 경관이다. 아빠가 힘들어서 잠시 눕는데 은찬이는 창피하다고 빨리 일어나라 하고 그래도 아빠는 수건으로 얼굴을 가리고 잠시 더 누워 있었다.

용암이 굳은 바위들.
화산 폭발 당시는 이런 바위들이 날라 다녔겠지? 자연의 힘은 정말...

와우! 드디어 1,900m 표지석이 보이고 아빠가 정말 힘든것 같다. 가족들 관광 시키랴! 운전하랴! 설명해 주랴! 아빠노릇 톡톡히 하시네.

드디어 더 갈 때가 없는 정상인가보다. 사람들이 무지하게 많다. 엄마 아빠를 앞서겠다는 의지로 힘들어 하는 은찬이를 은빈이가 부축하고 가네

드디어 정상! 성판악 출발 4시간 40분만인, 12시 20분경 정상에 도착 백록담을 보게 됩니다.
감격 또 감격

정상 인증 샷을 찍고. 막상 도착하니 힘든 것이 전부 사라져 버린 것 같다.

근데 백록담 안에 물이 거의 없네. 비도 자주 많이 와서 아빠는 산 위호수가 큰 게 있다고 했는데. 이런.

백록담에서 남겨둔 김밥을 마져먹고 여러 사진들을 찍고 내려오는데 체온이 떨어져 다시 옷을 하나씩 입고.

은찬이도 너무 뿌듯해 한다.

렌트카를 안 빌렸다면, 관음사쪽으로 하산했겠지만, 차 때문에 다시 성판악으로 마음도 가볍게 내려갑니다.

다시 진달래밭 대피소 도착.
길 옆에 초소가 있고, 길 한가운데는 시간경과 등산 통제 표지판이 놓여 있다. 엊그제 등산을 막은 이유를 확인했다.

다리가 아파서 대피소에서 아빠는 신발도 벗고 발을 주무르고, 은빈,은찬이는 괜찮다고 안 벗고 과자 한 봉지를 놓고 얘기꽃을 피운다.

다리도 풀리고 미끄러지면 다치기 때문에 내려 가는 길에는 손을 많이 잡고 간다.
실제 넘어진 적도 많고 그래서 내려 갈 때 힘이 많이 더 드는 것 같다.

씩씩한 은빈이. 한라산 정복에 입이 귀에 걸렸네

은빈이가 찍어준 엄마 독 사진, 와우 엄마 독사진은 블러그에서 처음 보는 것 같다.

성판악에서 4.1km지점에 쉼터가 있다. 쉼터는 화장실과 비를 피할수 있는 정도의 건물뿐이다.
은빈이는 아빠다리가 아프다고 하니까 주무르고 있다. 힘들지만 서로 돕는 우리가족.

내려가는 것도 힘이 든다. 평이하게 내리막이 많은데도 다리가 풀리고, 발목이 꺽이기일수다. 아빠는 세 번 발목이 삐끗했다.

은빈이와 아빠가 저 멀리 먼저가고.
나무 데크로 되어 있는 길이 예쁘다.

엄마배낭을 대신 맨 은찬이. 오늘은 힘들단 소리도 안
하고 유난히 씩씩하네.

다 내려와서 공항으로 가는 길.
광할한 목장이 길옆으로 펼쳐지고 말들이 보여서 잠
시 차를 세우고 만져본다.

제주 공항도착. 우리가 탔던 렌트카(왼쪽), 그리고 비행기 안.
비행기를 처음 타 본 아이들이 완전히 비행기에 꽂혔다. 백두산 언제 갈꺼냐를 거푸 묻는다. 100번째 산행
은 백두산. 또 한번 비행기를 탈 수 있기 때문이다. 열심히 하나씩 산행을 해 낼 동기부여가 이번 제주도 한
라산 등반으로 다시 생겨난것 같다. 정말 평생 잊지 못할 추억을 남겨준 제주도 여행으로
우리아이들의 생각과 마음도 또 한 뼘 커진 것이 아닌가 싶다.